孩子给孩子的自然笔记

重庆市梦想课堂·自然笔记大赛组委会 / 编著

化学工业出版社

·北京·

图书在版编目（CIP）数据

孩子给孩子的自然笔记 / 重庆市梦想课堂·自然笔记大赛组委会编著. —北京：化学工业出版社，2020.12（2024.10 重印）
ISBN 978-7-122-37832-3

Ⅰ. ①孩… Ⅱ. ①重… Ⅲ. ①自然科学－儿童读物 Ⅳ. ① N49

中国版本图书馆 CIP 数据核字（2020）第 186349 号

责任编辑：龚　娟　　　　装帧设计：水玉银文化
责任校对：宋　玮

出版发行：化学工业出版社（北京市东城区青年湖南街 13 号　邮政编码 100011）
印　　装：盛大（天津）印刷有限公司
710mm × 1000mm　1/16　印张 13¼　字数 320 千字　2024 年 10 月北京第 1 版第 8 次印刷

购书咨询：010-64518888　　　　售后服务：010-64518899
网　　址：http://www.cip.com.cn
凡购买本书，如有缺损质量问题，本社销售中心负责调换。

定　　价：**68.00 元**　　　　

写在前面的话

消除疑惑，自然笔记无障碍

在做自然笔记，尤其是刚开始尝试做自然笔记时，大家往往有这样那样的疑惑。针对大家最在意的几个问题，曾参与过自然笔记大赛作品评审工作的评委们来为大家答疑解惑啦！

问：我画画的水平很一般，文笔也并不优美，该怎么开始做自然笔记呢？

做自然笔记当然需要运用技法——绘画和写作就是基础。

不过，这些技法的运用须建立在仔细观察和用心思考的基础上。若将技法作为弥补观察缺失的手段，那就本末倒置了。

正因为这样，在每年的评审过程中，评委们都心照不宣地达成过一项“默契”：特别留意一些看上去很简陋，不怎么讲究技法，但内容别致，符合自然笔记精神的作品。

（芳草）

法布尔的《昆虫记》之所以成为自然笔记的经典之作，我想，主要原因并不是它运用了多么高超的画技和文笔，也不是它发表了多么重大的科学发现。这本著作有大量的篇幅都是作者法布尔本人的叙述——讲述他在何时何地进行观察，在观察中遇到了哪些难题，怎样试图解决这些难题……这都是作者在经过长时间的观察和积累后，厚积薄发的成果。

（猫头鹰）

问：平时很少有时间来做自然笔记，我怕我观察记录得不全面、不正确，怎么办？

在做自然笔记时，很多孩子都做了“植物栽培日记”：“第一步，我将种子埋进了花盆的土里。第二步，几天之后，开花了……”

作品中所描述的植物生长如此神速，不禁让我猜想，这些孩子平时能用来做自然观察的时间确实有限，只能观察到植物生长过程中的某些阶段。于是便将“常识”嫁接到自己的观察记录中，结果过犹不及。

做自然笔记，本应量力而行、宁缺毋

滥。如果把它当成一项作业、一项任务，刻意去追求完整、全面，那就违背了自然笔记的本意了。

（熊琳）

从实际生活出发，关心自己身边的自然景物和现象，这是自然笔记所倡导的理念。做自然笔记，丰富充实的经历比一个精炼的正确答案更重要。

比如，很多孩子都做了“豆芽成长日记”，因为他们自己亲手栽培了豆芽，然后描摹了豆芽在各个生长阶段的形态，用尺子测量了豆芽的长度……然后呢？我们还能不能摸摸它的质地，闻闻它的气味，尝试改变它的生长环境，持续观察，看它们能不能在水中开花、结果呢？

（微尘）

问：我并没有掌握太多科学知识，做自然笔记，出了错怎么办？

在我的理解中，做自然笔记，跟写日记或者写信有着很强的共通性，强调实事求是，都具有时效性，都鼓励作者进行个性化的表达。

所以，当孩子们刚开始尝试做自然笔记时，家长和老师可以告诉他们，做自然观察的本质就是静下心来与大自然中的景物“对话”——调动起自己的眼睛、耳朵、鼻子、嘴巴、四肢等，去“倾听”大自然对我们“说”了些什么。做自然笔记，本质上就是将我们在自然观察中的所见所闻画下来、写下来，将心情感悟分享给大家。

（呜呜）

自然笔记需要尽量准确，需要我们查阅资料、打磨画技。但自然笔记并不是手抄报或者生物图鉴，比起准确的知识点和生动的图画，更重要的还是真实——以自己的亲身观察经历为基础，融入真情实感。而真实的观察、探索和研究，本来就是一个反复试错、纠错、不断学习的过程。在这样的过程中，我们大可不必担心出错。

（秋天）

问：为了让我的自然笔记更出彩，我可以添加一些联想或想象吗？

自然笔记需要记录作者的所思所感。但它的主旨从来都不是“记录我想象中的自然”。如果孩子运用想象来填充自然笔记的内容，我想，那很可能是因为孩子及其身边的大人都离开自然太久了，久到都忘了五谷杂粮是什么样子、从哪儿来的——只好“脑补”。

而这恰恰就是做自然观察、自然笔记，乃至做科学研究、追求美好生活的一项大忌。

（水生）

要想了解大自然，学习科学知识，我们有太多选择。阅读图书，观看影视作品，检索网络，向他人打听，等等，都属于间接的学习体验。同时，我们也从来都没有，也不可能抛弃在大自然中直接体验、学习的本领。

做自然笔记，就是一种直接学习、体验的途径。在自然笔记中，离想象越远，我们就离自然越近。而离自然越近，对自然规律的认识越深入，我们才有可能想得越远、走得越踏实。

（小阳）

拿起画笔，一起走进奇妙的自然王国

文 / 任众

你知道吗？你身边的大自然里有最精彩的剧场，让我们一起来学习最有趣的自然笔记，获取通向神奇世界的门票吧。这可不是普通的绘画学习，通过自然笔记，能训练观察能力，建立综合思考的模式，当然还有乐趣无穷的自然知识。

你准备好了吗？

什么是自然笔记？

自然笔记简单说就是我们为大自然做的笔记。它是通过亲身观察，学习自然的方法，是指导我们亲近自然的途径。

笔记通常采用绘画和文字结合的形式，但也支持文字结合摄影、录像、录音、标本、剪贴等其他方式。

绘画是自然笔记中非常重要的组成部分，它可以帮我们完成两个任务：一是忠实记录自然物或自然场景最直观的样貌，弥补文字描述的不足；二是通过真实还原自然物本身，帮我们“重新认识发现”自然物。

什么形式的内容才算自然笔记呢?

自然笔记的内容需包含对自然翔实的记录（绘画是其中的一种方式），或自主探究的过程，或你与自然相处时的感想感悟。所有这些不一定要同时出现在你的同一篇笔记里，但每篇笔记不能缺少最基本的对观察对象所处自然条件的描述，即

时间、地点、天气、观察内容、你的感受和感悟

为什么这些要素必不可少呢?

我们用画记录的自然物的状态或自然场景的样貌不是随时随地都存在，并且一成不变的，它通常跟所处的地点、时间和当日的天气等有直接关联。

比如酢浆草，画中花朵是盛开的状态，这种状态跟当时的季节（正是它的花期）有关，跟晴天有关。因为通常酢浆草在夜间甚至是阴天的时候都会收起花苞，垂下叶片，一定不会像画里的花这样开得明媚鲜艳。

开花季节每个花柄上都有一朵黄花开放。

早晨，我和妈妈在公园跑步，到处可见这种心形叶子的草。妈妈告诉我这是“酸浆草”。因为叶子含有“草酸”，所以咬在嘴里酸酸的。

种类：酢浆草科多年生草本植物

花期：从晚春开到初秋

高度：10-30厘米

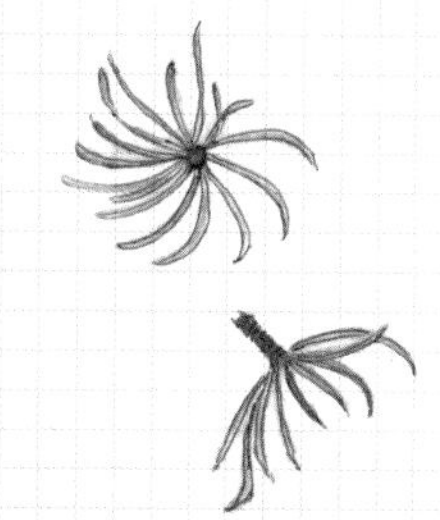

酢浆草的叶子与三叶草类似，是心形的。

三叶草

果实炸开时种子会散布到很远的地方。

酢浆草果实

阴天或晚上叶子会向下闭合，被称为“睡眠现象”。

在自然笔记中，你的观察对象所处的环境，蕴含了大量的与之有千丝万缕联系的信息，因此，地点也是笔记中重要的记录内容。

以上这些自然物或自然现象存在状态的原因也许是在你记录的时候并不知晓的，只有坚持长期做笔记，不断学习，积累经验，善于总结，才能得出最接近真相的答案。而能为你今后的整理提供线索的是尽可能翔实的记录。

除此之外，通过其他感官、渠道等观察认识自然物的过程，也都可以成为笔记的组成部分。自然笔记的文字也会因你深入的观察和进一步的学习，涉猎范围越来越广，内容越来越丰富。

随着渐渐深入自然，在经历了一次次奇妙的发现后，你一定会在某个时刻有记忆深刻的感受或茅塞顿开的感悟，开始思考生命的意义，思考生活的状态，思考我们与自然的联系……这些内容也可以记录到你的笔记中。

现在，你看到了：自然笔记是你的记录、你的学习、你的思考、你的感悟，所有这些内容，都源于你最初的观察，源于你与自然真实的相处，而非脱离观察，完全依赖科普书籍或者网络旁征博引的摘抄。这些源于自然观察的记录学习过程才是自然笔记中最重要的体验。

目　录

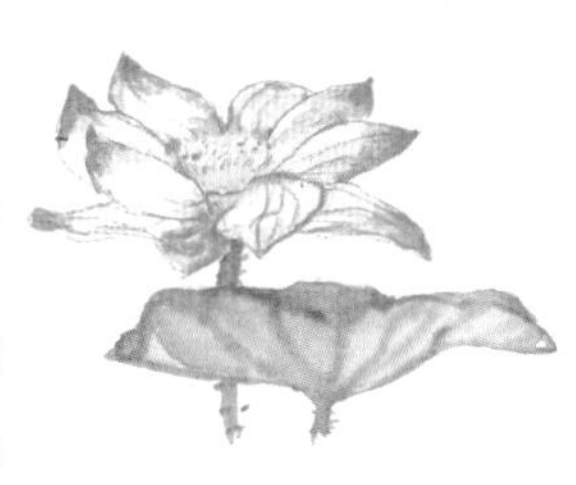

动物篇——主题观察

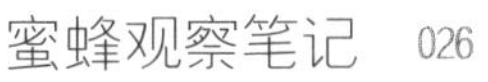

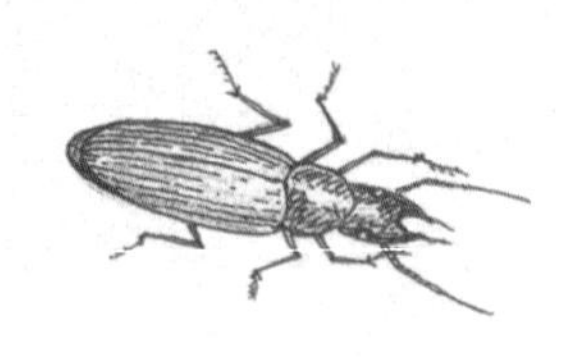

植物篇——过程观察

动物篇——过程观察

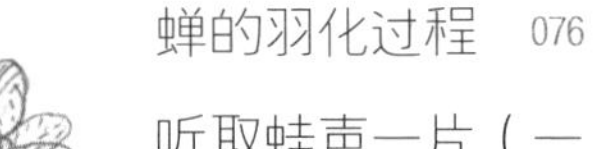

植物篇——现象观察

动物篇——现象观察

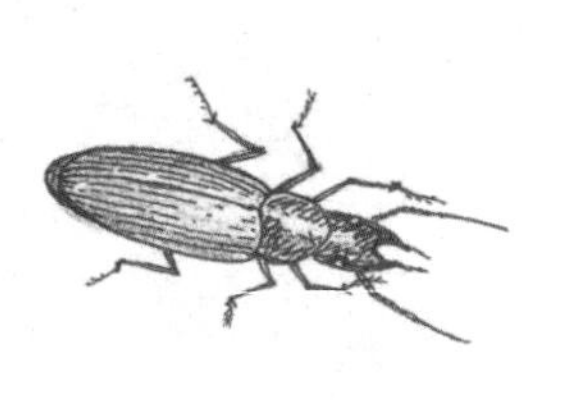

植物篇——事件观察

动物篇——事件观察

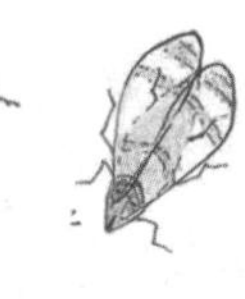

植物篇

主题观察

菌类的生长

可爱的纯黄白鬼伞
缙云山一棵大树下目击

中文异名：黄环柄菇
形态特征：身体轻盈，柠檬黄色。
菌盖直径 2 ~ 5cm，为钟形或伞形、斗笠形。
菌肉黄白色，薄、脆。菌褶淡黄至白黄色，稍密，边缘粗糙，不等长。
菌柄细长，向下渐粗，长 4 ~ 8cm，宽 0.2 ~ 0.5cm，质脆，空心。
孢子无色，光滑，近卵圆形，褶缘囊体近纺锤状。
生态习性：夏秋季于林地上散生或群生。
分布地区：广东、云南、四川、海南、台湾、香港、福建等地。

好像记载有毒哦！

菌类生长史

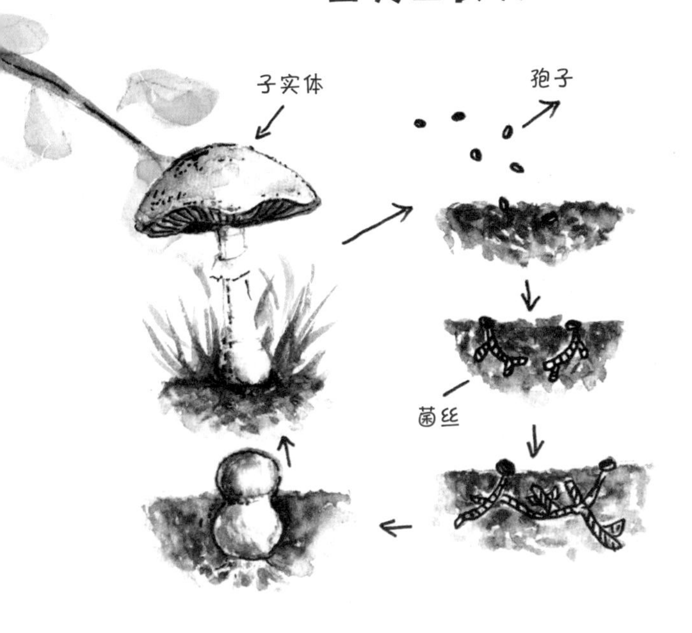

纯黄白鬼伞就像一把插在地上的小伞，我们看到的部分是担子菌菌丝体在一定温度与湿度的环境下，取得足够养料长出来的。

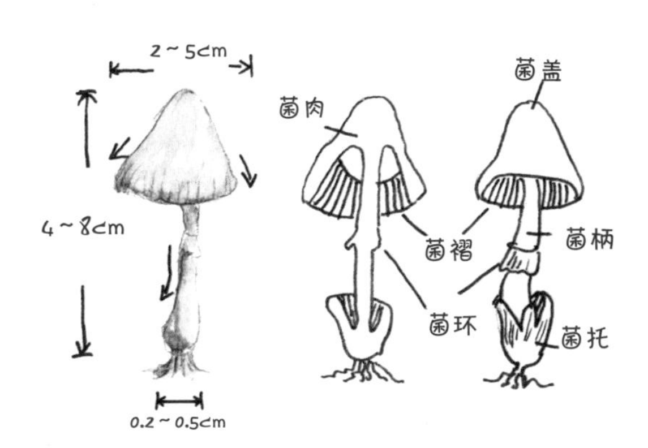

纯黄白鬼伞形态结构图

名师点评

这篇观察笔记重点突出，对“纯黄白鬼伞”这种真菌进行了详尽的记录。作者不仅写出了它的形态特征，而且给出了很多具体的数据，这是非常科学的记录习惯。作者观察非常细致，对它的整体及局部（菌盖、菌肉、菌柄、孢子）都进行了形象的描述，很用心。

看得出，作者借鉴了资料中的数据，这样做没有错，不过更希望作者能够把自己观察到的和资料上查到的区分开。另外，题目最好不要用“菌类的生长”。菌类很多，这里只写了一种，直接用“可爱的纯黄白鬼伞”做题目就可以了。

在学校的种植园里种着几株生机勃勃的冬瓜，它长长的茎蔓绕着木杆，仿佛是婴儿对母亲浓浓的依赖，但又隐隐透露出它顽强向上、不屈不挠的精神，我心里顿时喜爱上了这种植物。

名师点评

这篇观察笔记可以算是一篇最基础的观察笔记范例。作者把冬瓜的外部特征画得和介绍得都相对完整。比如观察到茎蔓上的卷须，记录了冬瓜花的颜色和花蕊颜色的变化，叶片、茎、果实上有毛刺等特点。

如果想让笔记做得更深入些，可以给出一些具体的数据。冬瓜果实的大小差异还是很大的，比如这里描述的冬瓜，是 30 厘米长还是 60 厘米长？图中所画的叶片形状还是比较准确的，但在介绍冬瓜叶时称“呈桃心形”，实际上生物学上描述冬瓜叶片为“肾状近圆形”，这种叶形不属于心形叶。

法国梧桐

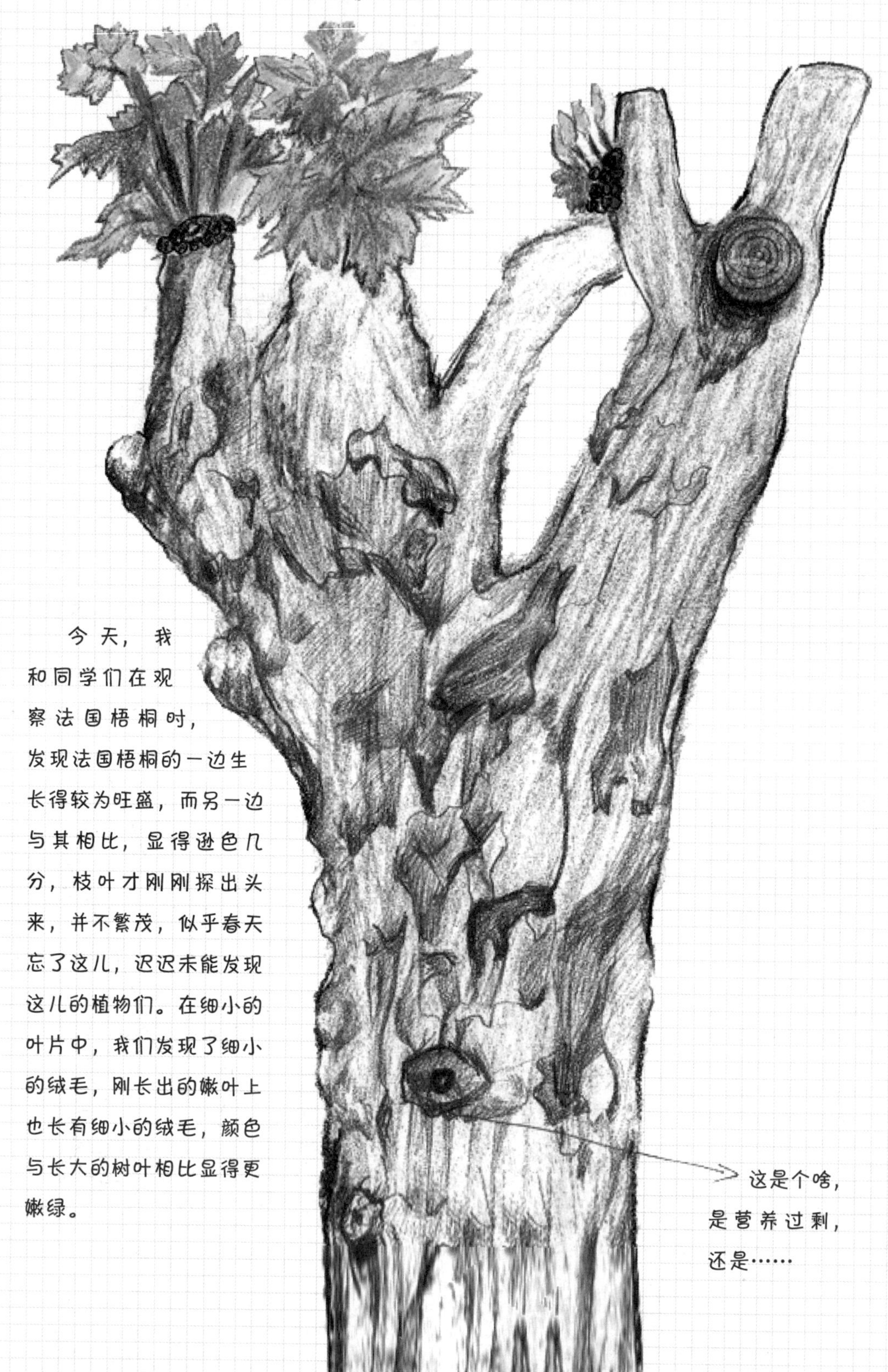

今天，我和同学们在观察法国梧桐时，发现法国梧桐的一边生长得较为旺盛，而另一边与其相比，显得逊色几分，枝叶才刚刚探出头来，并不繁茂，似乎春天忘了这儿，迟迟未能发现这儿的植物们。在细小的叶片中，我们发现了细小的绒毛，刚长出的嫩叶上也长有细小的绒毛，颜色与长大的树叶相比显得更嫩绿。

树叶边缘不是平整的，相反，凹凸不平，树叶的造型多似秋日中的枫叶形状。

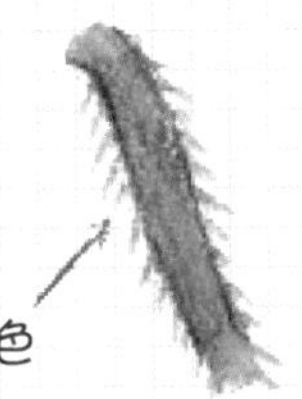

在树枝上都是几乎无色的小细毛，不仔细看，几乎无法发现。

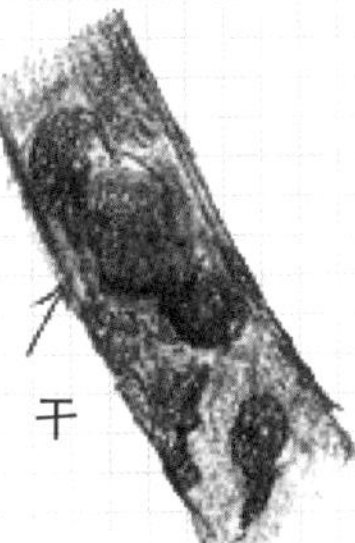

在树干上，快要脱落、干枯的树皮。

我们巧遇一只瓢虫，它正在叶子上，展开翅膀准备飞行。

名师点评

作者观察非常细心，能够发现两边梧桐的差异，难能可贵。同时，还观察到树木的年轮，发现“这棵树的年龄我们无法辨别”，反映了作者实事求是的科学态度。

希望作者的观察和记录更加有次序，更加科学规范。比如先整体后局部、从上至下、由外到内等。可以参考一些工具书对植物的描述。

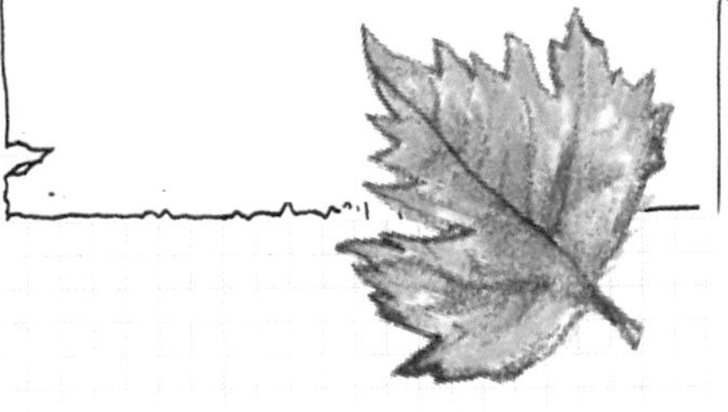

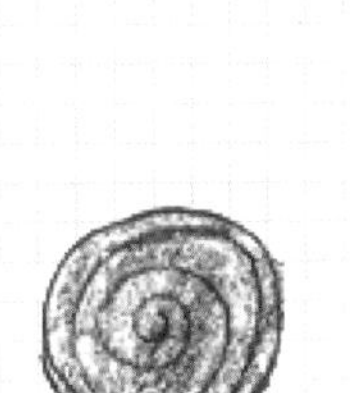

树木的年轮，可这棵树的年龄我们无法辨别。

初识鹅掌楸

雄蕊背面

雄蕊腹面

雌蕊

雄蕊横切面

花被片

外轮花被片

中秋这天，溽（rù）暑仍在，趁着清晨的一丝凉意，我和老师同学一起登上缙云山。虽然天色尚早，已然游人如织，我们决定选择一条人迹罕至的小路开始探索。

走着走着，一棵乔木吸引了我的注意。它的叶片很特别，有六个小角匀称地分布在叶脉两边，被弧形的边缘连在一起，叶片中间也近似圆弧形，酷似一只鹅掌。老师告诉我这种植物叫作“鹅掌楸（qiū）”。得知它的名字和我的观察居然有着紧密的联系之后，我对它的兴趣愈发浓厚了，我继续观察它的花朵。

鹅掌楸的花朵小巧玲珑，煞是可爱，花瓣由边缘的乳白色向里渐变成嫩黄色，中间就是花蕊了。由于鹅掌楸是自花传粉，所以它的花中有雌蕊和雄蕊。很特别的是，鹅掌楸的每朵花中雌蕊和雄蕊长相和数量都大致相同，而且在雌蕊和雄蕊之间，有一颗宝塔似的聚合果，极具观赏价值。

我又了解到，这种植物是中国特产，由于它的花朵形似郁金香，又被称为“中国的郁金香树”。

名师点评

这篇观察笔记实则是篇观察作文。作者重点观察、描写了鹅掌楸的叶与花，观察细致入微，描写形象具体，并且能够运用一些科学术语，值得提倡。

需要注意的是，对观察对象的描述要尽量客观，以免造成误解。如“它有六个小角匀称地分布在叶脉两边”，容易让读者误以为六个角的大小一致，分布均匀，实际并非如此。另外，在文字记录上，它虽然叫“鹅掌楸”，不过叶形和鹅掌区别还是挺大的，说它像“马褂”反而更准确一些；在绘画上，画出了鹅掌楸的3片外轮花被片，但是内轮的6片花被片却画成了8片，这些特征也可以标在花被片旁。

做自然笔记一定要准确、真实，因此观察要仔细哟！

黄瓜，葫芦科黄瓜属植物，也称胡瓜，是西汉时期张骞出使西域带回中原的。果实颜色呈油绿或军绿。喜温暖，不耐寒。

黄瓜还是小苗时，绿油油的，萌萌的。虽然看起来弱不禁风，但它努力的方向十分明确。

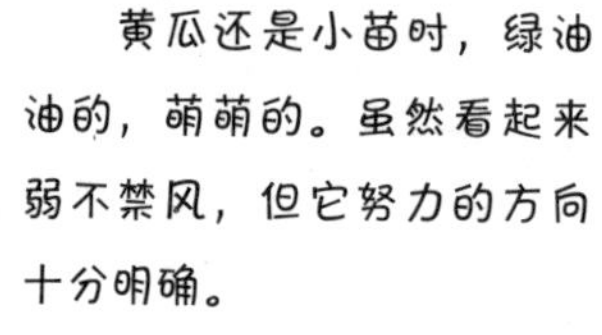

黄瓜的长势可是一点儿也不慢，没过多久它就长出了嫩须，开始爬藤了。当须触碰到木棍时，便会贴着木棍成长。

黄色的小花开始绽放了，像小小的太阳，给人温暖。可惜随着黄瓜的长大，花朵会渐渐枯萎。

有时顶花带刺、细长匀称的鲜嫩黄瓜放了两三天后会变得一头粗，一头细。这是因为黄瓜让种子成熟的表现。人类为了吃到鲜嫩黄瓜，要在黄瓜种子成熟前把它摘下来。但黄瓜却执意要“传宗接代”，没有了土壤营养供应，它只得把自身的营养浓缩到一端。

传承生命的伟大，也在黄瓜身上体现了出来。

黄瓜

黄瓜 Cucumber

葫芦科黄瓜属植物，也称胡瓜，是西汉时期张骞出使西域带回中原的。果实颜色呈油绿或翠绿。喜温暖，不耐寒。

名师点评

作者描写的是黄瓜生长的各个阶段，从幼苗到开花结果。

如果在介绍时有一些科学性的描述就更加像观察笔记了，比如每个阶段的黄瓜植株高度是多少；黄瓜的花是雌雄同株，但分雌花和雄花，颜色艳丽，属于虫媒花，可以简单说明虫媒花有什么样的特点；还可以介绍一下黄瓜的叶子形态等。一些细节部分可以采用局部放大的方法来表现。笔记中描写的“没过多久它就长出了触角，开始爬藤了”是指黄瓜的茎卷须，这属于变态茎的一种。

最后作者介绍了摘下的黄瓜，有的放了两三天后会变得一头粗，一头细，体现了传承生命的伟大，这种延伸非常棒。

有时顶花带刺、细长匀称的鲜嫩黄瓜放了两三天后会变得一头粗，一头细。这是因为黄瓜让种子成熟的表现。人类为了吃到鲜嫩黄瓜，要在黄瓜种子成熟前把它摘下来。但黄瓜却执意要"传宗接代"，没有了土壤营养供应，它只得把自身的营养浓缩到一端。

传承生命的伟大，也在黄瓜身上体现了出来。

荷花的花柄，绿色，布有小刺。

荷花苞紧紧地合拢，绿色。

荷叶的“粗脉”，绿色，约21~22条，表面光滑。

展开的荷叶，呈圆形或扇形，有清香味。

看得见花瓣的大致轮廓。

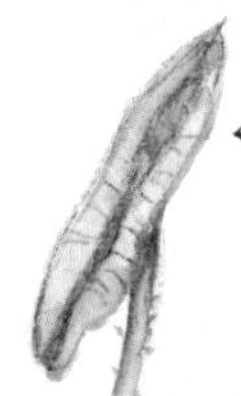

未展开的荷叶，呈扁椭圆状，外侧向内卷曲。

荷花渐渐绽放，花瓣一片片地松开。

盛开的荷花，有白色、粉色、紫色、青色、黄色。

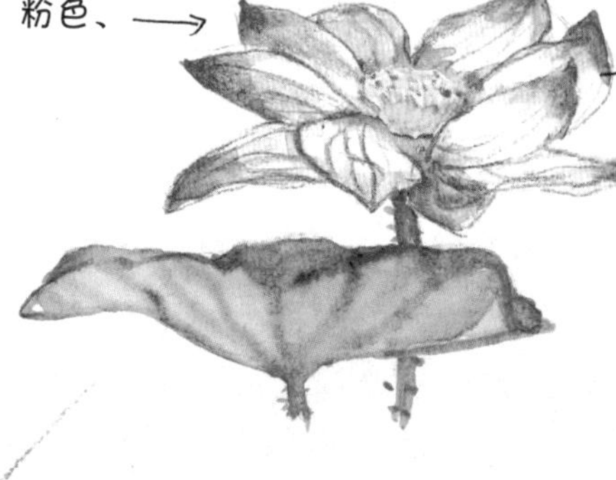

荷花瓣，从花瓣顶端到底部由深梅红渐变成淡粉色，最终呈白色。上面有一根根的花瓣脉络，呈深粉色。

黄色的是“莲子”，可食用，生吃、熟吃都可，味甘甜。

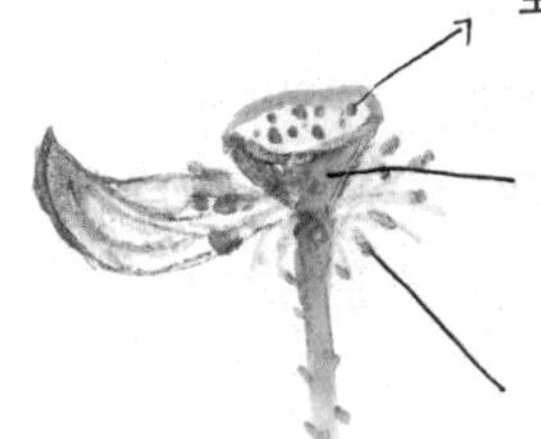

莲蓬，绿色，呈圆锥状。

花蕊，从白色渐变到黄色。

荷花

名师点评

荷花是常见的花卉，很多人都曾赏荷，但是能够如此细致地观察、记录荷花的可能并不多。无论是文字记录还是绘画记录，小作者完成得都比较好。笔记对荷花水面上的茎、叶、花、果实、种子的特点进行了细致的描绘，包括颜色、形状、气味，几乎利用上了可以利用的一切感官，说明作者掌握了科学的观察方法。

如果写得再具体、准确些会更好。比如写盛开的荷花有“青色”，这种青色到底是什么颜色？还是应该说得更准确些；再如描写荷叶的时候，如果能把叶片正面和背面的区别写出来就更好了。

黄葛树

黄葛树，是重庆的市树，也是重庆的景观树，随处可见，亭亭而立。每至暮春，黄葛树一夜黄叶纷飞，一夜又抽新芽，山城便半入暮春半入秋，蔚为奇观。它根系发达，包裹岩石而生。

4月初，校园里的黄葛树开始黄叶纷飞，仿佛一下到了秋天。

4月中旬，黄葛树落叶后开始快速抽出新芽，校园仿佛一夜回春。

8月，黄葛树挂满了果实。之前，我一直都挺好奇，为什么没有看到黄葛树开花它却结果了呢？这次问了老师才知道，黄葛树的果子是和无花果一样，“不开花”就结果。那是因为它们的花隐藏在内部，生物学上称为隐头花序，需要借助蚂蚁等小昆虫传粉。

悬根露瓜，
蜿蜒交错，
古态盎然。

新芽长大啦！

树叶茂密，叶
片油绿光亮。

叶片是单叶
互生的！

茎干粗壮，树形奇特，
树的枝杈十分密集，大枝
横伸，小枝斜出虬曲。

根，可以帮助黄葛树吸收水分，落地生根，稳固树干。

枝干树皮深褐色，大枝开展。根系十分发达，有变异性，强壮的树根有非常强的吸附力，还可以适应环境的变化，自然地形的空隙是什么形状，它的根就会变成什么形状。

飘落的叶子

名师点评

这是一篇非常棒的观察笔记。作者对黄葛树的观察非常细致，不仅描绘了它的根系、树冠、树干、树叶、果实等，还简单介绍了它在不同季节的变化。

如果想让笔记再完美一些可以标出树高、胸径等数据。从绘画来看，作者具有一定绘画能力，把黄葛树画得很有生机，但有些地方缺乏科学性。例如黄葛树的叶，形态不太准确，没表现出急尖的特点，有几处画得像“对生”，其实应该是“互生”。叶脉也是一样，特征不太准确。

作者为了表现叶和果实的形态，用局部放大的方法值得称赞，但是应该画在另一个圈里，并在画面上标出这是整体的哪一部分的放大，免得让人对树叶与植株整体的比例有误解。

火龙果

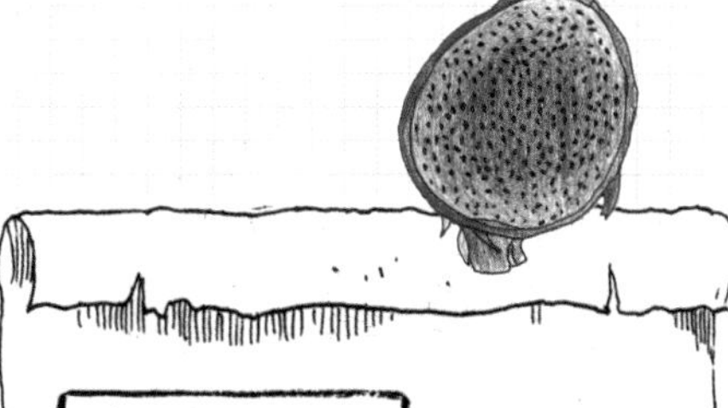

名师点评

这是一篇简单的观察笔记。作者介绍了火龙果的幼苗、成熟的植株、花和果实，但都比较泛泛，应该具体些。例如，可以介绍一下火龙果的分布地点、形态特征等。

火龙果树上面的小刺实际是退化的叶子，这也是由于其长期生长在热带沙漠地区导致的，所以植物的光合作用主要由茎承担，茎含有大量薄壁细胞，有利于吸收更多的水分。

火龙果的花比较大，长约30厘米，有“霸王花”的称号，可以把花的尺寸标注在图上，这样能更加清晰知道花的大小；同样的，果实上也应标出大概的尺寸。

这样完成的观察笔记效果会更好，可以让自己和看到笔记的人学到更多知识。

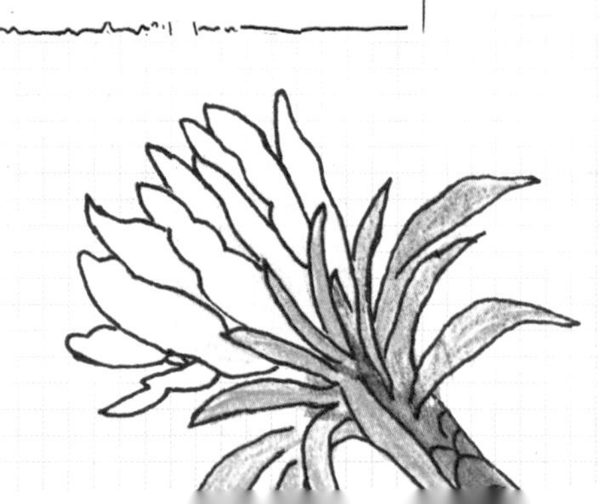

爬山虎的脚就像壁虎那样，有毛茸茸的吸盘。房顶上，土墙上，时常能看到这一丛一丛翠绿的“瀑布”。
新长出来的叶
爬山虎，又名捆石龙、地锦、小虫儿卧草等，属葡萄科植物。爬山虎通常是在春季发芽，不等夏天来临，就有一大片绿中透红的嫩叶了。
叶柄
叶
叶脉
茎（可入药）
花
花

爬山虎

冬天的步伐匆匆，爬山虎没有了往日的活泼。叶、茎都枯萎成了一片暗褐，在萧瑟的冬风中瑟瑟发抖，摇摇欲坠。

当第一缕秋风拂过大地，爬山虎便悄悄褪下了狂欢了一夏的盛装，开始变黄、发褐，一副无精打采的样子。不过，牵牛花却在这时爬上了它的地盘，吹开了粉紫色的小喇叭告诉它：可别睡着了呀！

夏天的脚步刚踏上这片土地，爬山虎就早早换上了翠绿的盛装并开出了一些细小、精致的黄绿色小花。

笔记

缙云山作为“川东小峨眉”绝非浪得虚名。这不，我们在今日的出游中有了新发现。在一条小路上，还未看见流水，就已经听到“哗啦啦”的流水声了。走近这条小溪，我们发现了几棵树的枝干上，长满了成团成簇的果子。仔细看，一个果子直径大概三四厘米，上面还有凸起的苞片。果实正中央有一条小小的向内的小孔。

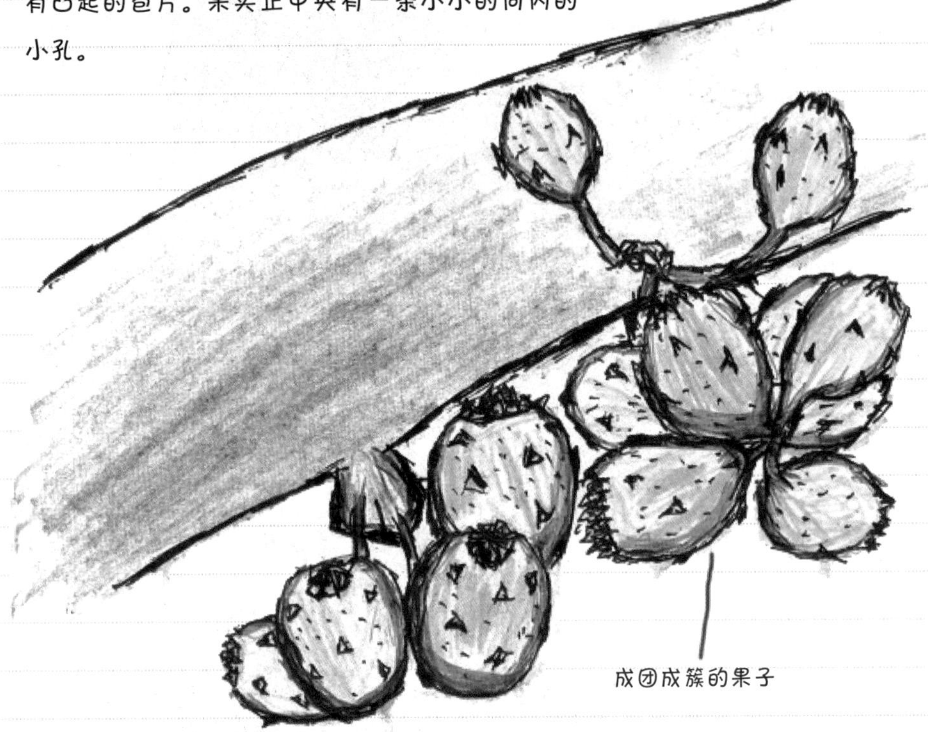

成团成簇的果子

红色成熟的果实

下山的时候，发现水流边也有棵岩木瓜，上面还长出了红色的果实，切开后，有着浓郁的香味。哈哈，山下的气温更高，果实先熟了呢。

岩木瓜的果实

果实外面是绿油油的，而切开看，里面长有茂密的绒绒的东西。浅紫色从外向内渐淡。老师判断这几棵树应该是岩木瓜。重庆目前还没有过正式的发现纪录。岩木瓜属于榕属，相比其他榕属的植物，它的果实最大，还有苞片，这些都使得它显得独一无二。而那个通向果实内部的小孔，是留给榕小蜂的“通道”。果实为榕小蜂提供庇护场所，榕小蜂帮助内部开花的果实传粉。

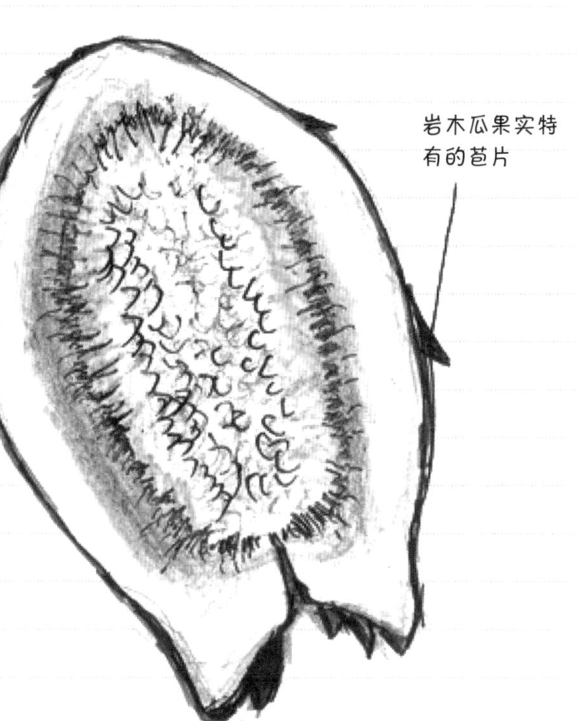

名师点评

文字不多，但记录很完整，也很有次序——由远及近，由外而内，由宏观到微观，由“不知”到“知”。文章虽短，却写出了作者的所见、所闻和所感，结构完整，衔接流畅，语句轻松亲切，娓娓道来……

或许受篇幅所限，有描述逻辑关系不清晰的地方。如“有了新发现”和“绝非浪得虚名”之间的逻辑关系是什么？肯定不单单是指风光秀丽、气候宜人，这里要说的应该是物种丰富或有丰富的植物资源，所以在“绝非浪得虚名”后可以加上一句“生物种类异常丰富”，这样就和后面的发现呼应上了。

动物篇

主题观察

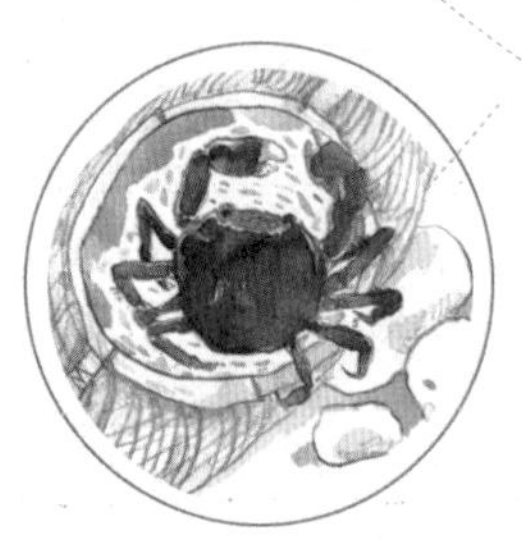

蜜蜂观察笔记

时间：5.1

地点：蜂场

天气：

盼着盼着，五一节到了，我和爸爸妈妈到郊外游玩。一路上，我看到有很多的花竞相开放。这时有很多蜜蜂在花丛中飞舞引起了我的注意。

1 卵

2～10 幼虫

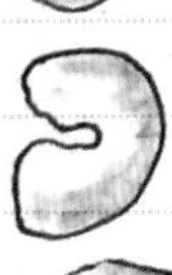

顺着蜜蜂飞走的方向，我们看到一位蜂农伯伯在采集蜂蜜。蜂农伯伯看我对蜜蜂很感兴趣，就给我介绍：看，蜂窝上面一些地方已经封盖，一些地方有洞洞，真正的成熟蜜是小蜜蜂自己觉得可以才自主封盖的。看，有几个六角形小巢房里还躲着胖嘟嘟的白色幼虫呢，它们出生后二十多天就成为内勤蜂，负责打扫蜂巢和酿蜜。

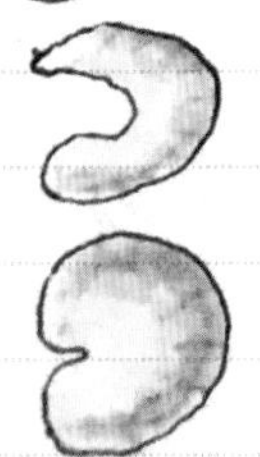

11～13 蛹

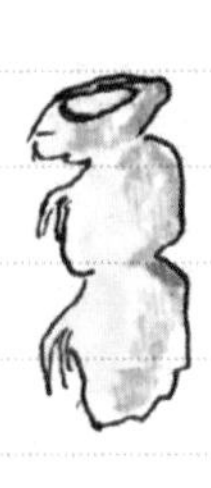

14 成虫

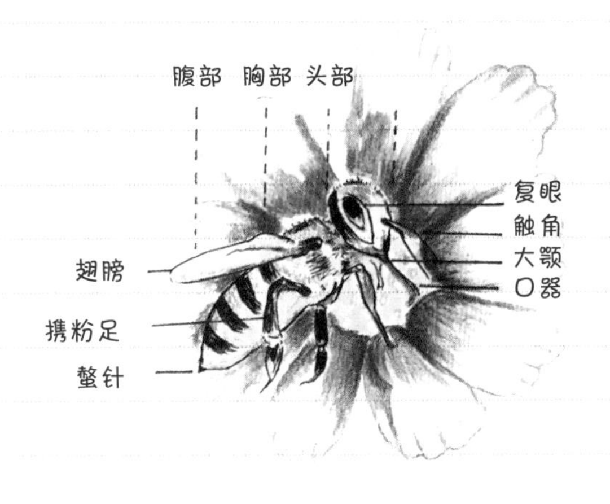

听爸爸介绍，蜜蜂是一种会飞的群居昆虫，昆虫纲膜翅目蜜蜂科。体长8~20mm，生有密毛；头与胸几乎同样宽，头上触角为膝状，复眼椭圆形，口器嚼吸式。身体后两足为携粉足；两对膜质翅，前翅大，后翅小，前后翅以翅钩列连锁；腹部近椭圆形，体毛较为少，腹末有螫（shì）针。蜜蜂群体中有蜂王、工蜂和雄蜂三种类型的蜜蜂。

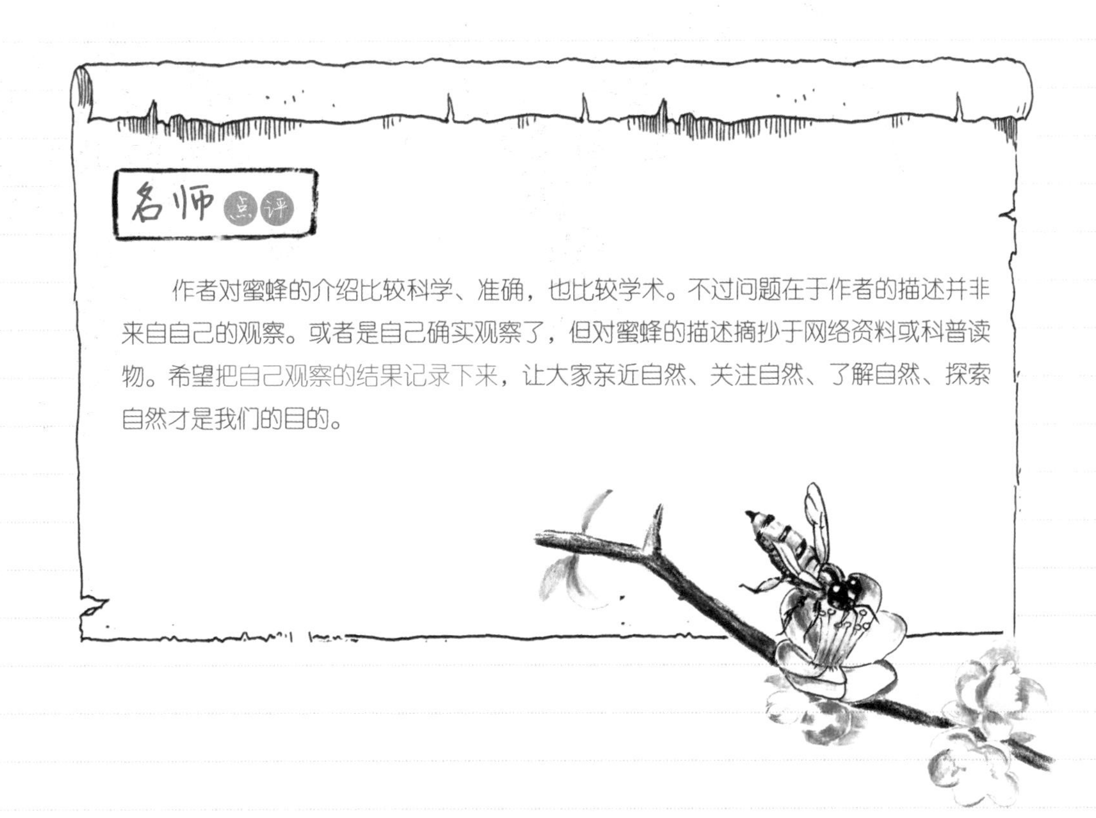

名师点评

作者对蜜蜂的介绍比较科学、准确，也比较学术。不过问题在于作者的描述并非来自自己的观察。或者是自己确实观察了，但对蜜蜂的描述摘抄于网络资料或科普读物。希望把自己观察的结果记录下来，让大家亲近自然、关注自然、了解自然、探索自然才是我们的目的。

勤劳的蜜蜂

一双圆溜溜的大眼睛放射出无限的光芒，一双透明的翅膀晶晶亮亮，几只有力的小脚踩在无数朵小花上，一张黑乎乎的小嘴，一点都不显眼，它们胖圆圆的身体像一个个小毛球……

小蜜蜂来了，数以万计的小蜜蜂跟着一只大蜂王来到这美丽的花丛中，这里有无数朵花都在争先恐后地开放着，这令小蜜蜂们喜出望外。花儿们看见蜜蜂来了拍手叫道："呀！小蜜蜂们来了。"小蜜蜂们开始三五成群地分头行动。其中那只蜂王采的蜜最多，它有条不紊地来到一朵又一朵花上，把它辛勤采来的蜜送给我们吃。蜂蜜不但好吃，还对我们人体有好处呢！

蜜蜂的作用真大呀，我以后一定会保护你们的！

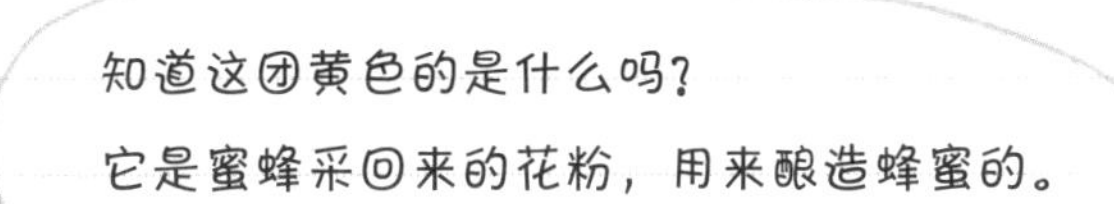

名师点评

作者对蜜蜂外部特征的描写很生动贴切，形容词用得很好，把勤劳的小蜜蜂活灵活现地展现在了我们的眼前。在文中，一系列成语用得也挺好，“数以万计”体现了蜂群的庞大；“争先恐后”表现了百花齐放的勃勃生机；“有条不紊”说明蜜蜂工作的条理性强。作者还运用了拟人的写法，通过鲜花对蜜蜂的欢迎告诉人们蜜蜂肩负着为花卉传粉的重要使命。

作者可能不知道，蜂王是不会采蜜的，这里出现的蜂王很可能是不同种类的蜂。文章的结尾虽然说得很有道理，不过显得有些空洞。为什么说蜜蜂的作用大呢？可以简单说明一下，比如引用一些名人名言来说明蜜蜂的重要作用，就更有说服力了。

白头翁

嗨！我是一只可爱的白头翁，学名白头鹎。下面就和我一起来认识我们吧。
白头翁
白头翁
我食性杂，从水生物到种子、昆虫都不挑啦！
我还能吃垃圾哦！
我吃害虫，是益鸟哦！
啊！
金龟子
不…
瓢虫
白头翁明明最爱吃我！
苦楝果
水灵灵
浆果
红果
悄悄告诉你——我超爱吃樱桃呢！
每天傍晚五点左右，我都会叫上朋友来聚餐哦！
蝗虫
不是吧！

我们象征着“白头偕老”，正是“愿得一人心，白首不相离”；还代表长寿，国画中一只白头翁和一朵牡丹花叫作富贵白头。

我们是留鸟，春夏会结成 3 ~ 5 只的小群活动，冬天集成 20 ~ 30 只的大群，聚在一起取暖。我们很活泼，又不咋怕人，因此我们还是一种小众的宠物，用于人们观赏和饲养，听我们唱歌。

名师点评

这篇观察笔记内容相当丰富，文字上更多介绍的是白头鹎（bēi）的习性及分布。看得出来，这位同学很喜欢用图像和颜色来表现观察对象的外形特征，连蝗虫、金龟子、瓢虫、浆果这些小元素也都画了下来，用自己擅长的表达方式学习，这一点很好。

如果文字描写上再细腻些就更完美了，因为只看绘画内容，有些人还是不知道从哪些方面科学地观察某种鸟的特征。“背和腰羽大部为灰绿色，翼和尾部稍带黄绿色，颏（kē）、喉部白色，胸灰褐色……”这样记录，再对照你的插图，是不是人们更容易掌握它的特征呢？

还需要说明的是，白头鹎主要为留鸟，但在北方一些地区它也会迁徙到南方。另外它不仅吃害虫，有些益虫也是会吃的。当然还是以害虫为主，所以它是益鸟没错。

菜板鱼和河蚌的友谊

我家附近有个水库，这里不光环境好，还能捉到很多小鱼小虾，有大肚子的食蚊鱼，彩色、扁扁的菜板鱼……菜板鱼最漂亮了。你知道菜板鱼为什么叫菜板鱼吗？你看它那扁扁平平的身体，是不是很像一块菜板呀！

为了更深入了解菜板鱼，我和爸爸上网查了资料，知道了菜板鱼学名叫“鳑（páng）鲏（pí）”，在4～6月的繁殖期，雄鱼会出现婚姻色，雌鱼会长出长长的产卵管。经过观察，我发现我捉的两条菜板鱼正好是一对。我高兴极了，问爸爸：“这两条菜板鱼会不会生小鱼呢？”爸爸说他也不知道，于是我们又请教了网络老师。

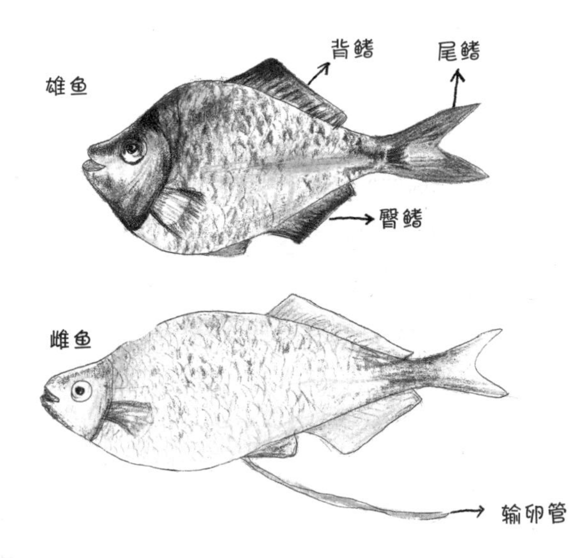

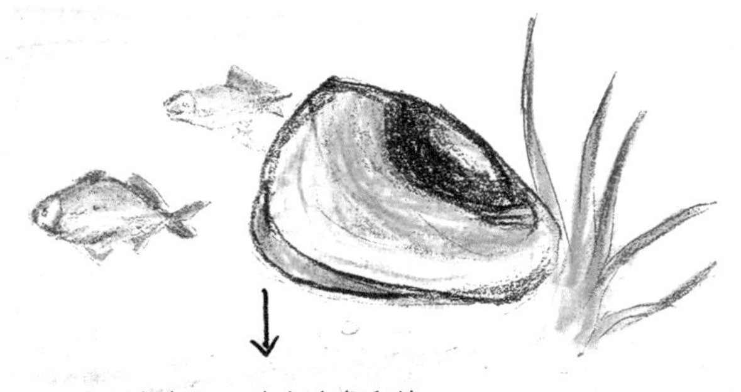

雌鱼在产卵，雄鱼准备射精

原来，鳑鲏孵化鱼卵还用河蚌（bàng）。鳑鲏会左右相伴寻找河蚌。雌鱼将产卵管插入蚌的入水管中，将长圆形的卵产到蚌的鳃内，然后雄鱼再射精，当蚌呼吸时，把精子吸入，精卵结合，才能孵出小鱼，它们可真是共生的朋友！

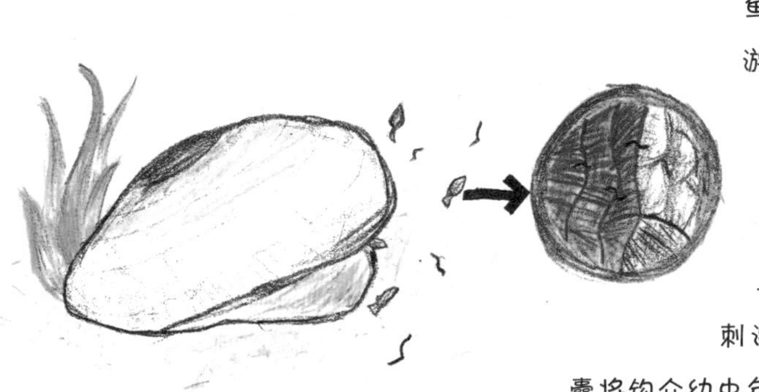

鱼卵孵化后两三周，小鱼便游向河蚌外面。当鳑鲏产卵时，水波刺激了河蚌，河蚌会把自己的孩子钩介幼虫排出来，粘在鳑鲏的身上，鱼体受到钩介幼虫的刺激，便很快形成一个个被囊将钩介幼虫包起来，等钩介幼虫发育好后，便撞破被囊，落在水底独自生活。

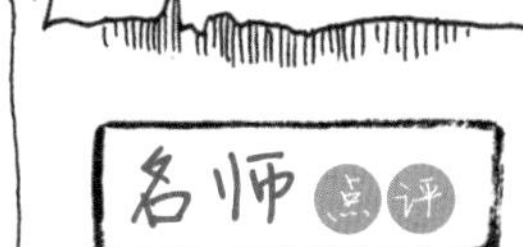

名师点评

作者通过询问和查资料的方式把鳑鲏的繁殖方式介绍得很详细，通过这种方式来获得知识，是我们提倡的一种学习方法。除此之外，观察笔记我们更提倡把自己观察到的记录下来，可以是形态特征，也可以是行为观察。如作者对鳑鲏的形态描写比较简单，描写了它身体的总体特点——扁扁的像菜板，其他方面没怎么介绍。如果能把鱼的体长、体高和体厚的数据给出来就更好了。

这幅笔记最突出的优点是作者把雌鱼和雄鱼画得非常逼真，将它们的各个部位画得非常清晰，让大家仅以绘画为依据就能识别鳑鲏。

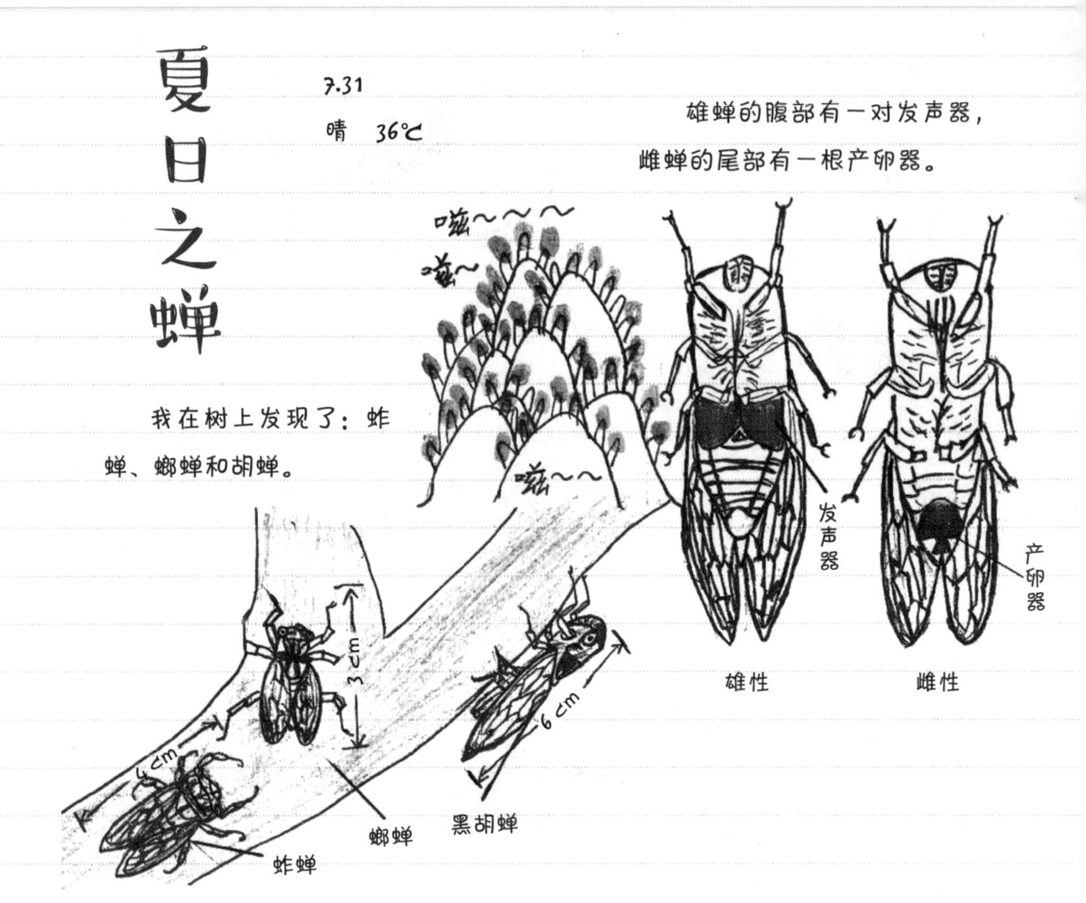

充满童真的绘画，配合简单的文字，这位同学介绍了蝉生长的几个过程，以及蝉的一生是如何生长生活的，整体介绍相当完整！

一些小问题：

（1）夏天我们听到的蝉鸣都是雄蝉发出的，雌蝉没有发声器。这样表达会更清晰。

（2）蝉作为一种昆虫，成年的蝉身体分头、胸、腹三部分，有六条腿，两对翅膀，翅膀和足都位于胸部，图中画得很清楚，可以再标注一下。

（3）蝉的前足腿节粗壮发达，带刺，这是由于其幼虫期用前足来挖土的缘故。蝉的头上还有一对比较短的须状触角。这些特点在图中没有体现，蝉的整体结构就不完整了。

蝉的羽化

卵洞
产卵管
卵洞
蝉
皮
幼虫
④ 几个星期后，雌蝉会在自己挖的卵洞里产卵。
① 蝉的幼虫从树上的卵洞里爬出来，在土地上打一个直径约 1.5 cm，深约 20 cm 的洞，然后钻进去，封好洞口。
③ 幼虫不久后会蜕一层皮，这叫作“羽化”。
⑤ 不久后，蝉会慢慢死去。
② 幼虫在几年后，会一边喝树根里的汁，一边打洞，从洞里爬到树上。
约 1.5 cm
约 20 cm

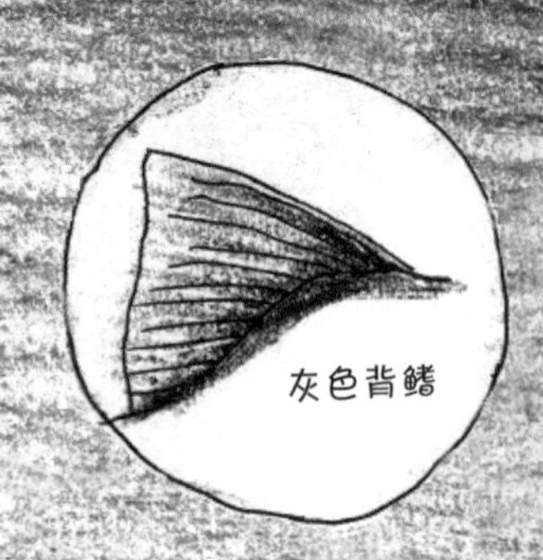

鲫鱼身上的秘密

今天我仔细观察鲫鱼后，发现了很多秘密。

1. 它的身体长成梭子形，摸上去滑滑的，游动时能减少水的阻力。

2. 扇形鱼鳞，扇柄厚，利于运动前行。

3. 三角形头，利于潜水。两只圆圆的眼睛，永远观察着四周，眼皮盖不住。四个鼻孔不呼吸，却能闻出气味来。两个鳃，张合有度，是它的呼吸器官，就像两个"筛子"，过滤着水中的空气。

4. 前后两双鳍相当于船桨，尾部相当于舵，用于掌控方向，所以它是游泳高手。

5. 它的背部皮肤呈黑灰色，肚皮呈白色。站着往下看，背与河底色相似。从水里往天上看，白色与天空色接近。这种天生的肤色优势，让鲫鱼成了伪装高手！

只要我们善于在生活中观察，就能发现很多科学道理。

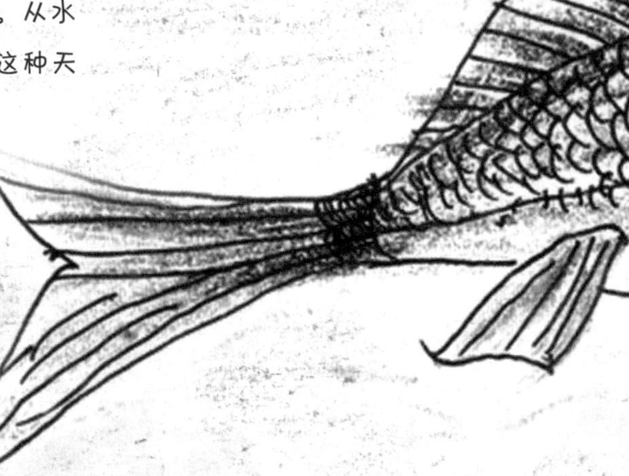

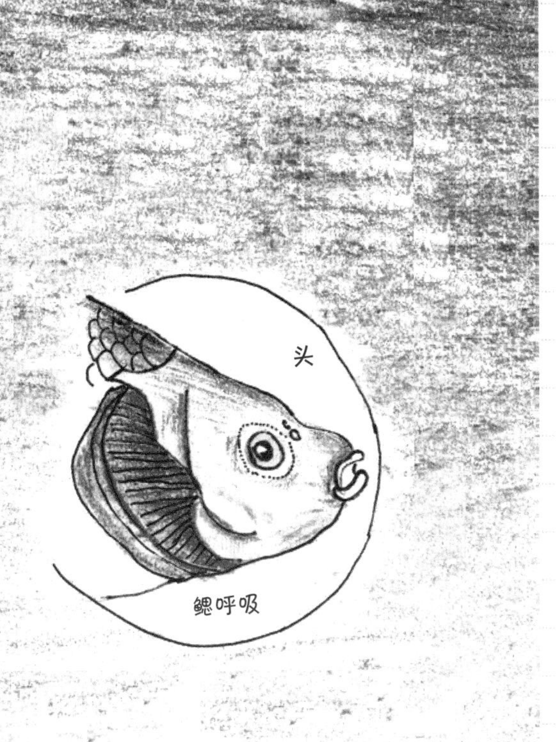

名师点评

作者抓住了观察笔记的特点，对鲫鱼的外部形态进行了细致的描写，并且比较准确。不过如果能够抓住鲫鱼的特点来写就更好了。“身体长成梭子形，摸上去滑滑的……背部皮肤呈黑灰色，肚皮呈白色”等，很多淡水鱼都具备这些特征。当然，作为一名小学生，可能了解的鱼、观察的鱼都比较少，能够把这些写出来已经很不错了。

作为自然笔记，应该注意科学严谨性。以下几个问题需要注意：

（1）“眼皮盖不住”并不准确，因为它没有眼皮。

（2）“皮肤呈黑灰色”也不准确，我们看到的是鱼鳞的颜色。

（3）“伪装高手”一般是来形容拟态的，而鲫鱼的这种保护自己的方式属于保护色。

上述问题或许是知识储备不够，可以理解，不过说鲫鱼有4个鼻孔，不知是怎样观察出来的。

攀蜥的前世今生

1870年6月9日，Robert Swinhoe首先报道：在距东海约2348千米的江岸城市重庆附近林中岩石上发现一种攀蜥，当时记录为台湾攀蜥。半个世纪后（1919年）Thomas Barbor发表《中国攀蜥属2种》，并指出，斯氏在重庆森林岩上发现的可能是草绿攀蜥，而另一种丽纹攀蜥则有一个半大的副模，采于今重庆市巫溪县。

中国科学院成都生物研究所在重庆巫山密林中曾采得一批丽纹攀蜥。

游客中心

景区牌楼

名师点评

这篇观察笔记体现了作者的学习过程，为了学习攀蜥作者查阅了不少资料，很用心。

或许是作者认为已经把丽纹攀蜥的特征用图都表现出来了，文字介绍重点放在了重庆周边攀蜥的发现史。但是个人认为，观察笔记最好还是以对观察对象或周边环境特点的客观描述为好。

为了表现攀蜥前、后足，作者运用了局部放大的方法，来突出丽纹攀蜥爪的特征。这个特点画得比较清晰，但只写了“前、后足不一样哦”，如果再写清楚怎么不一样会更好，因为有些读者只看图可能关注不到前、后爪的区别。要像描述丽纹攀蜥尾巴一样说明“占全长的四分之三”，只看图，谁也看不出尾长达体长的 3/4，但是有了文字，大家就明白了，它的尾其实比图中表现的还要长。

另外，丽纹攀蜥的外部特征还有一些可以介绍，例如它体表的鳞片是什么样的？背部绿色纵纹是什么样的？

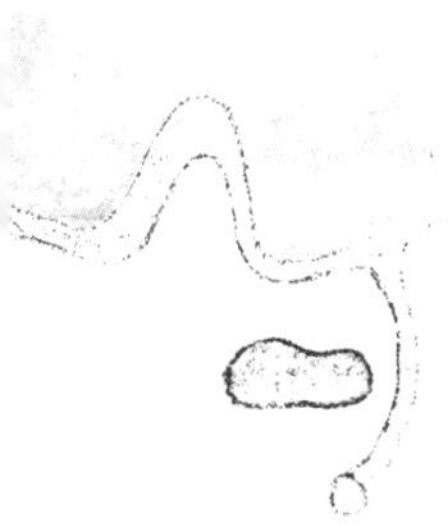

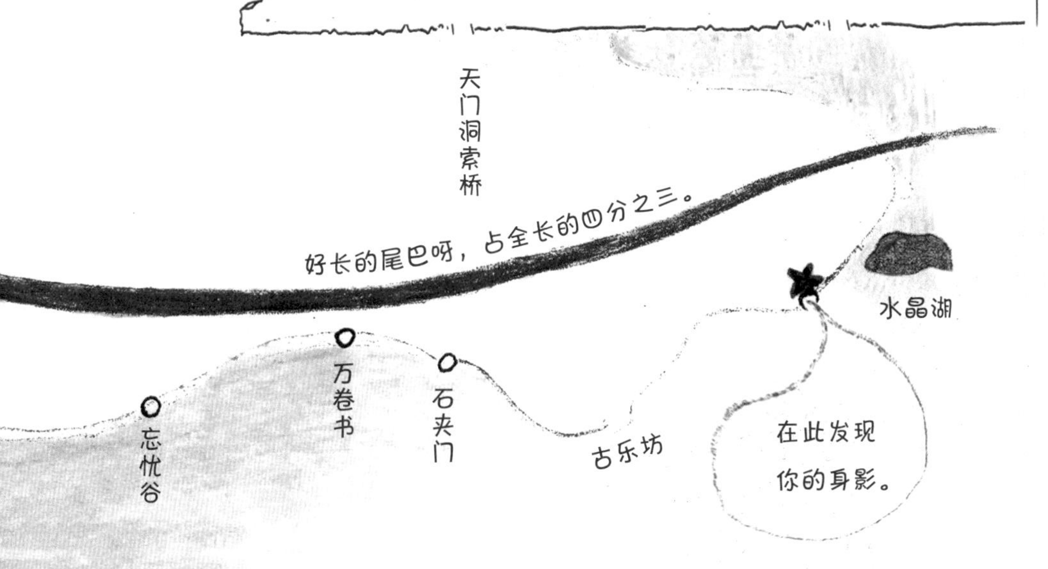

21 世纪以来，在开州、万州、丰都、奉节、北碚、石柱、涪陵等地发现过丽纹攀蜥，但一直未采到草绿攀蜥（该种在渝记录存大疑）。

八月初，我到涪陵大裂谷游玩，在水晶湖到古乐坊下坡路段的石阶边，有幸巧遇了丽纹攀蜥，令我兴奋不已。你从哪里来？你的小伙伴又在哪里？巴渝大地到底有几种？

1. 邂逅

在这个秋高气爽的日子里，我在不经意间邂逅了花间翩翩起舞的精灵——蜻蜓。正当我为其轻柔的身姿、梦幻的颜色所陶醉时，好友却惊呼“看！豆娘！”让我一时一头雾水，这不是蜻蜓吗？

2. 趣辨

回到家中，我还一心想着蜻蜓和豆娘有什么不同呢？在查阅资料后我发现豆娘体型纤细，并习惯在栖息时将两对大小、形状相同的翅膀，合并叠于背上。而体型粗壮的蜻蜓则在休息时展开翅膀伸于两侧，并且蜻蜓的复眼大部分相连或小距离分开，豆娘的两眼相当大距离地分开，形如哑铃。蜻蜓的飞行速度可是一流的，远超过慢慢低飞的豆娘哟！

3. 感悟

大自然真是奇妙无穷，看似相同的背后还有千万差别！只有我们拥有一双善于发现的眼睛和珍贵的好奇心才能探索大自然的无穷奥妙！

昆虫家族的孪生姐妹花——蜻蜓和豆娘

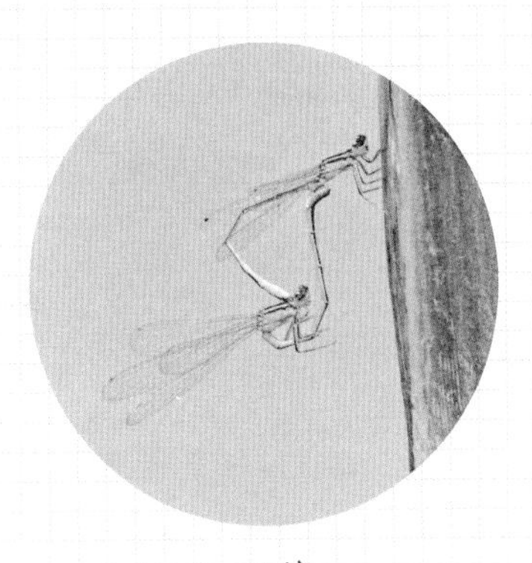
豆娘

蜻蜓

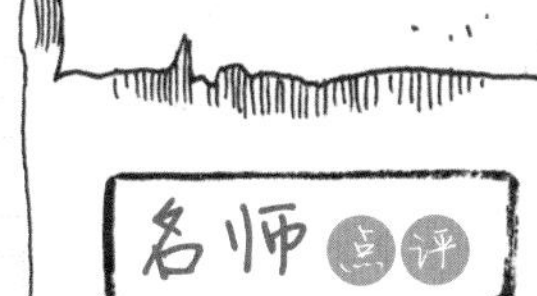

“邂逅”部分语言优美，通过生动形象的描绘将可爱的小精灵般的豆娘展现在读者面前。“趣辨”部分抓住了两种昆虫的特点，帮助人们掌握它们的区别。“感悟”部分是真情实感的自然流露，点明了中心，阐明了观点。

建议对豆娘的观察再细致些，对它的大小、颜色、姿态等特征进行描述，这些都是可以不借助资料就能观察得到的。另外，希望作者对两种昆虫的区别介绍再详细些，比如豆娘体长一般几厘米，蜻蜓又是多少，差别还是很明显的。

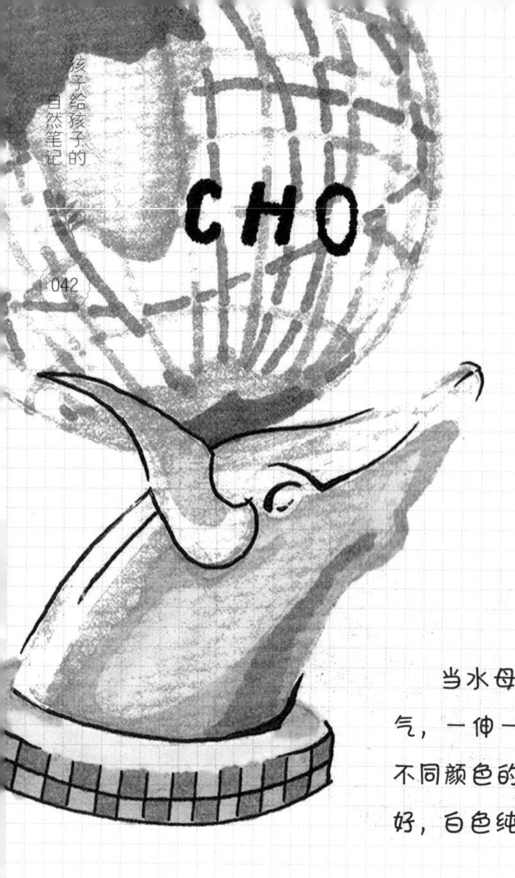

海洋馆一日游

暑假的尾声我来到海洋公园，感受“人与自然和谐共存”的理念。

其中令我感受最深的，便是水母。

当水母一起运动时，就像一个个热气球膨胀起来，憋足了气，一伸一缩懒散地游，如同仙子一般惹人怜爱，移不开眼。不同颜色的水母给人以不一样的感受，紫红色壮观，粉红色美好，白色纯洁……它们的千变万化令我着迷！

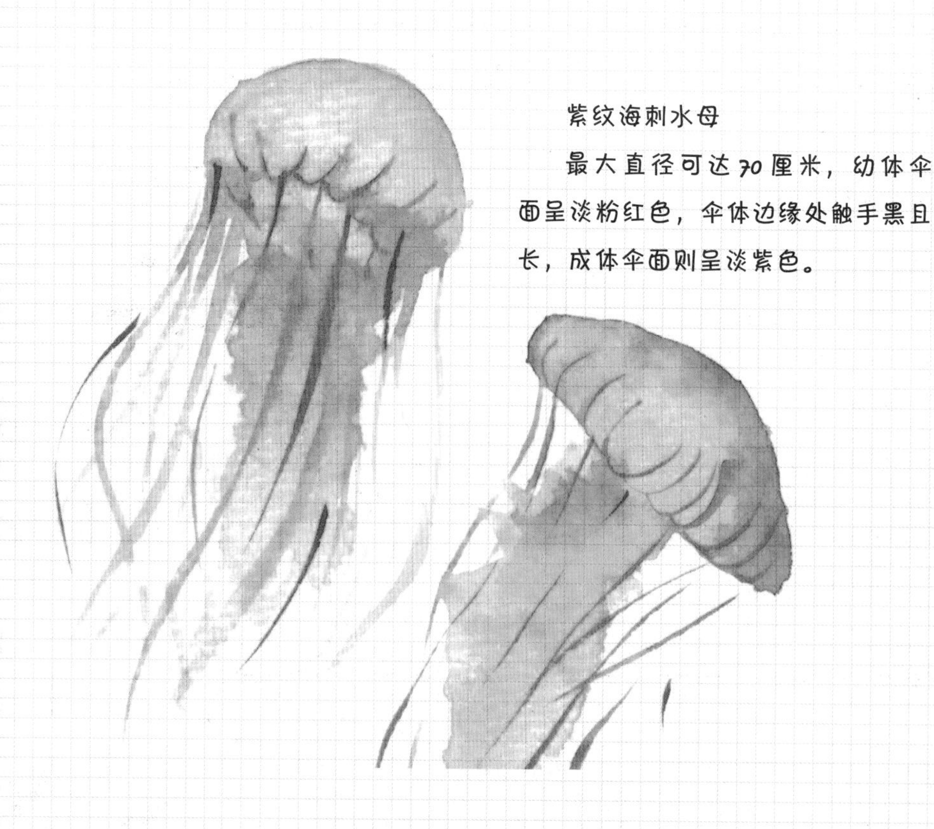

紫纹海刺水母

最大直径可达70厘米，幼体伞面呈淡粉红色，伞体边缘处触手黑且长，成体伞面则呈淡紫色。

黑星海刺水母

因其伞面形态像一个硕大的黑色星星，故而得名。最大直径可达30厘米，喜欢漂流于海洋表面水域。

水母的美丽令人惊艳，我开始对这种生物产生了强烈的兴趣，渴望探索它们美丽的背后，又有怎样的奥秘。于是，我展开了调查。

水母，是水生环境中重要的浮游生物，是一种非常漂亮的水生动物，它的身体外形就像一把透明伞，伞状边缘长有一些须状的触手。它们就像水中的舞者，轻柔灵活。

紫纹海刺水母的特征之一是有八条触手，作者把它的触手画多了。

紫纹海刺水母

作者并没有把“黑色星星”这个特征表现出来。另外，黑星海刺水母的触手很长，我们的笔记要把这些特征突出一下。

黑星海刺水母

标题为“海洋馆一日游”，这里只写了两种水母，不大贴切，所以改为“水母”更好些。

晚饭过后，爸爸妈妈带我来公园散步，刚走进“恐龙园”，我们就发现一只小鸟安静地站在水滩边。爸爸告诉我，这是鹦鹉，平均寿命50～60岁。

鹦鹉的秘密

银杏叶，像一把扇子，也像一只蝴蝶。上面密布的一条条细纹，是叶子的纹路，也是输送养分的通道。

鹦鹉的眼睛，透亮有神，眼圈为金色，眼球黑亮，像一对黑宝石。

鹦鹉的嘴巴，像一个牛角，强劲有力，食用硬坚果类。它还会学人说话呢，因为它特殊的生理构造：鸣管和舌头与人类有些相似，所以具备标准发声条件。

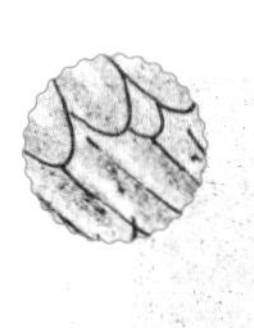

鹦鹉的羽毛，五彩斑斓，绚丽多姿。它的脖子和腹部摸起来毛茸茸的，身体上羽毛颜色由翠绿渐变成深绿、墨绿。

鹦鹉的爪子（鹦鹉属于攀禽），是对趾型足，两个脚趾向前，两个脚趾向后，很适合抓握，像个钩子，非常锋利。

银杏树，俗称白果树，几亿年前就有了，生命力强，春夏翠绿，深秋金黄。

巢穴：鹦鹉若不被人抓去喂养的话，它的巢一般是在树枝上，自己筑巢或以树洞为巢。

树的年轮：树桩上一圈圈的纹路称为年轮，有多少圈就表示这棵树有几岁了。而且阳光照射多的一边年轮较宽，因此年轮密集的那边是北面。

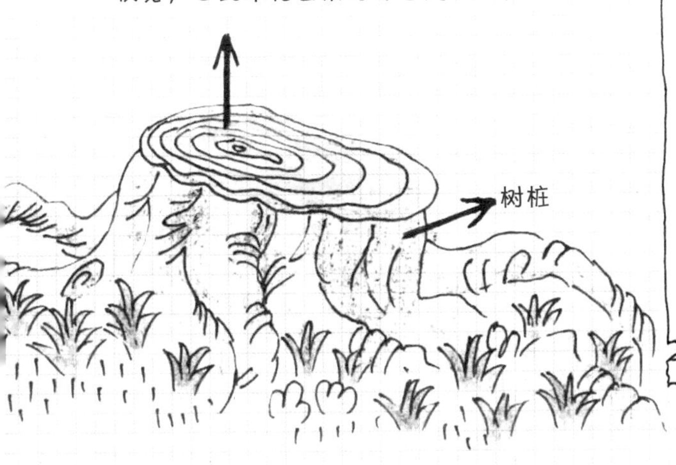

名师点评

作者对鹦鹉的介绍比较详细。观察笔记就应该是这样，不求多，能把一种事物描写清楚就好。作者描写了鹦鹉的眼睛、嘴巴（喙）、羽毛和爪子，抓住了特点，也比较形象。

为了更准确地记录观察对象，建议作者使用“列数字”的方法，把鹦鹉的体长写出来。因为鹦鹉体长的差异非常大，写出大概数据，有利于判断它的种类。

眼耳口鼻手脑全身动起来，收集大自然的讯息

文 / 任众

自然笔记的内容来源于与自然的真实相处，自主探索，细致观察贯穿整个笔记过程。可是要怎样观察呢？

首先，我们要有一颗“观察的心”

这里说的“观察的心”是指“有观察的意识”。校园里最早开的花是什么，白兰花的香味何时会出现？知了是从哪里爬出来的？蜗牛都爱在什么时候出现？小麻雀和乌鸦它们走路的时候有什么不同？这些就在我们身边发生的事情，可是，你注意过吗？

“有意识地去注意”，就是“观察之心”。

观察可以有目的有计划地进行

观察通常会有这样的过程：确定观察的对

象，选取观察的角度，运用各种观察手段坚持观察。

还记得法布尔的《昆虫记》吗？他在荒石园中蹲守观察，才写出了那么多有意思的故事。下面这则自然笔记是持续观察蝉的羽化过程的成果，如果只是远远地短时间地看一看，绝对不会发现这么多有意思的事情。

为自己制作一个任务表格，定期记录观察物的尺寸、味道、外形特点、行为等有助于我们了解生命的完整过程。

分解观察，能让我们更深入地了解生物的结构特征，比如小蜜蜂和大黄蜂这幅自然笔记，通过分解观察，也能帮助我们了解生物的细节特征。

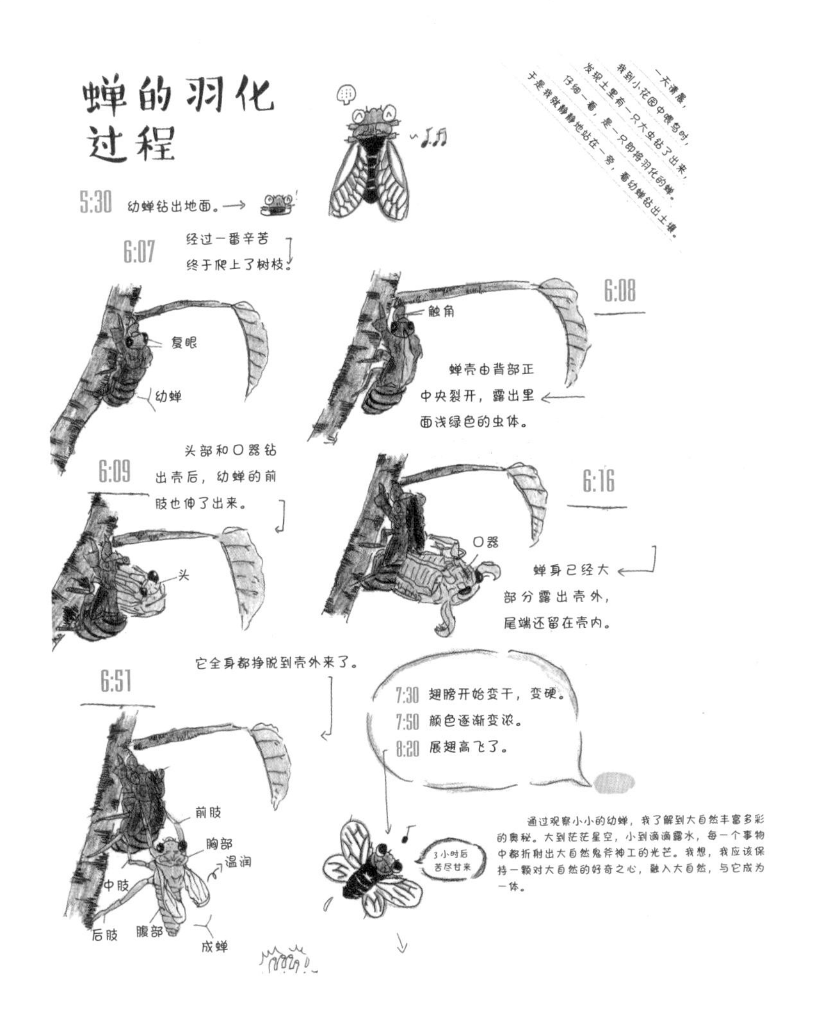

《小蜜蜂和大黄蜂》腾知语

观察是和思考相伴随的

在观察的过程中，常常会就眼前的事物产生疑问，我们可以把它记录到笔记中，并积极去寻求答案，即使这可能需要花很长时间，但一定不要因怕麻烦对产生的疑问听之任之。思考是帮助我们深入笔记的重要环节。

我们大多数人都不是自然学科的专家，在做自然观察和寻求答案的过程中难免会因知识匮乏，眼界狭小而产生各种错误或误解，与别人分享交流的过程常能拓宽我们的视野，解决自己找不出的答案，纠正自己根本意识不到的错误。

同时，我们可以用设计实验、参考图书、搜索网络信息等方式来验证自己的问题和猜想。在使用网络信息的时候，特别要注意信息来源的准确性，尽信书不如无书，并不是所有网络上的信息都是科学的，要学会思考和辨别哟。

观察也是讲究方法的

我们用到最多的是直接观察法。

中医里的“望闻问切”，就是这种观察法。换作今天的说法放到自然笔记里，就是“调动五感，体验自然”。即用眼睛去看，用耳朵去听，用鼻子去闻，用嘴巴去尝，用手去触摸的方式亲近体会自然。

单一的感官体验只能收获自然物的部分信息、个别属性，动用五感，则能让我们对事物了解得更全面。

特别要强调的一点是，用嘴尝的环节需慎用。一来很多人工栽种的植物常施用了农药，二来很多认知外的植物可能有毒，我们不必为做笔记去犯险。尤其是孩子，一定要听从家长和老师的指导。

当观察的范围受到限制、观察的精确性受到局限时，我们常用到间接观察法，即借助仪器设备来进行观察。

最常用到的观察工具有尺、放大镜、照相机、录音机、摄像机等，它们能弥补人体感官和记忆的局限，纠正我们感官判断时产生的错觉和偏差。显微镜、望远镜等可以帮助我们理解微观、宏观等现象，使观察的范围在深度和广度上最大延伸。

观察需要养成随时记录的习惯

俗话说“好记性不如烂笔头”，我们的记忆难免会在大量涌现的信息面前内存不够，最好的做法就是随时随地详尽记录。无论文字还是绘画都可以帮我们备份所见的自然片段。

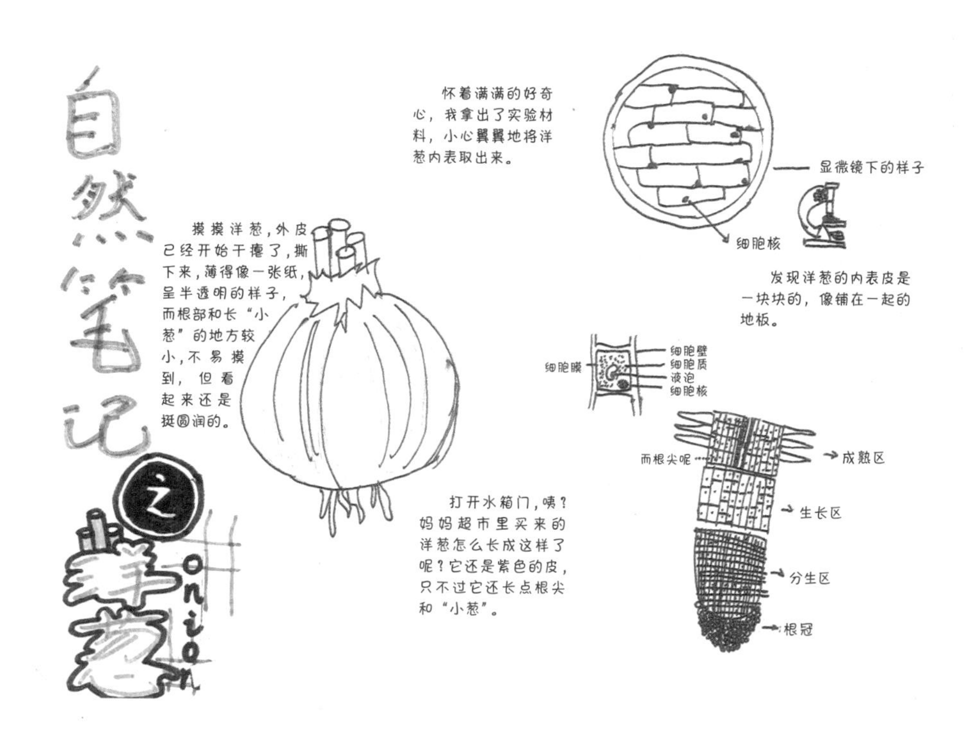

养成爱观察、爱思考的习惯，有助于我们积累更多的经验，更好地了解我们身边的世界。太多一直存在着、我们却不知晓的自然野趣，就是因为我们的漠不关心而隐身了。心理学家早就发现，“注意”是有魔力的，凡是被它盯上的对象都会脱颖而出。

期望更多的人能在探索中收获到乐趣，并因此生就一颗持之以恒的观察自然的心，从而打开通往广博自然的大门。

植物篇

过程观察

早上六点半左右，酢浆草的叶子向下垂，合拢着，像一把收拢的伞，花朵也是合拢的。

上午晴空万里，酢浆草叶子睡醒了，伸展开来，像一把撑开的绿伞，粉色的花朵也张开了脸，真美丽呀！

下午两点半左右，酢浆草叶子仍旧舒展，花朵也张开着，真精神！

傍晚，六点五十分左右，酢浆草叶子向下合拢在一起，花朵是向上合拢的。我猜它们又要睡觉了吧！呀！植物也有睡眠呀！

酢浆草也要睡觉！

奶奶窗台下的花坛里，有几株奇怪的草，我问妈妈，妈妈说是酢浆草。我很兴奋，就仔细观察了起来：叶子是倒心形的，三片环生，拔出一株看根，居然像小萝卜，透明的，真可爱！

名师点评

作为小学生，能够在不同的时间段连续观察，并发现酢浆草随时间的变化而变化，难能可贵。笔记描写形象生动，比喻、拟人等修辞手法的使用，把酢浆草的状态活灵活现地展现了出来。

文章里有几处科学性错误还需要作者去进一步查证。

（1）作者观察的可能是红花酢浆草，它与酢浆草不是同种植物，当然，它也可以算广义上的酢浆草。

（2）作者所说的它的根，很可能是它的球状鳞茎。

（3）酢浆草的叶并不是三片环生，它的叶是复叶，三片倒心形的是它的小叶。

向日葵

3.15

3月的一天，妈妈从老家带了些瓜子回来。生吃很香，谢谢，好有爱的妈妈！

3.26

种下几颗瓜子，日日期待花开，慢慢地，小苗从土里钻出来了，好开心呢！瓜子壳像帽子一样被顶着！

3.31

快快长吧！大约有38厘米高了，4片叶子，互生叶，茎上长着白毛毛，长得不错嘛，浇水。

4.8

又长高了，我的小小少年，好希望看到花开。我发现叶子有的互生，有的对生，是怎么回事呢？上网查了一下，竟然有真叶和子叶的说法。

5.20

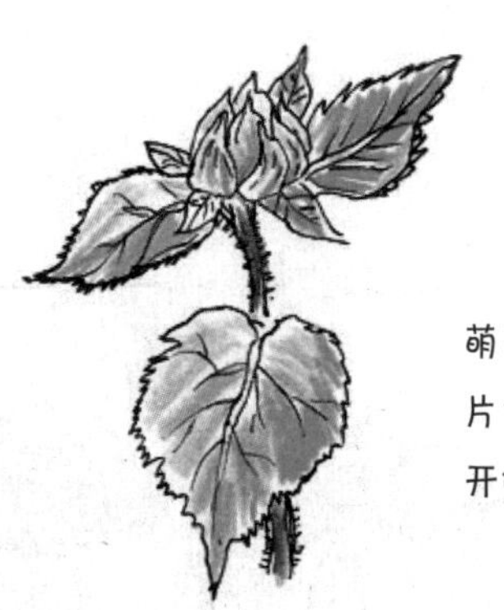

新长出的叶子，毛茸茸的，萌萌哒！老叶子长出了锯齿！叶片像爱心的样子，好喜欢！上面开始有花骨朵啦！

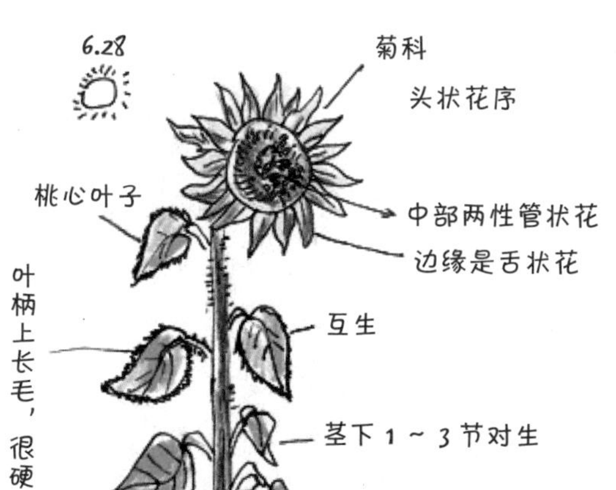

终于等到花开，心情美美的！发现，向日葵特喜欢温暖哦！白天抬头，晚上低头！

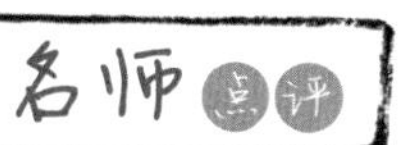

这篇观察日记记录了向日葵生长的全过程。文字虽然不多，但夹叙夹议，不仅描绘了向日葵各个生长阶段的外形特征，也时刻没忘表达自己的心情。

作者的观察还是很细致的，注意到了真叶、子叶的区别；观察到了毛茸茸的新叶、长锯齿的老叶、长硬毛的叶柄……并且用绘画的形式把这些特征都形象地记录了下来。当然，没有最好，只有更好。如果想让笔记更完美，可以观察、记录、绘画得再准确一些，比如向日葵叶脉的特征是有“基出3脉”，茎的特征是“圆形多棱角”……

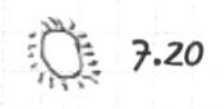

盛花期了，真心好看！瓜子在里头，应该要熟了吧！担心长虫，天天给她看病，还好，一切安然！

今天我等不及了，摘下其中一颗，瓜子黑白相间，好漂亮，放进嘴里甜甜的，有些太嫩了点哟！太开心了！

苎麻变形记

8月苎麻开花了，雌雄同株。

雄花：淡黄色

雌花：黄绿色

雄花在下部分稀疏

雌花在上部分密集

绿绿的

叶子正面

背面

白白的，像给叶子上了一层薄薄的粉

叶子圆卵形，顶端逐尖，边缘呈锯齿状，长6~15厘米，宽4~11厘米。

荣昌夏布轻如蝉翼，薄如宣纸，平如水镜，细如罗绢。古代因用于制作夏令服装和蚊帐而得名，现代还可制作工艺品、家居饰品。

打麻——好像在给苎麻脱下绿衣服。

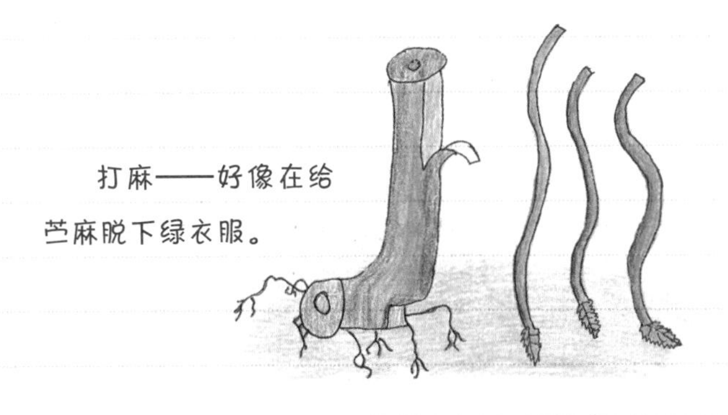

麻团——晾干后把麻线接在一起缠成麻团。

漂麻——漂白好像在给麻洗澡，苎麻渐渐地由绿变黄。

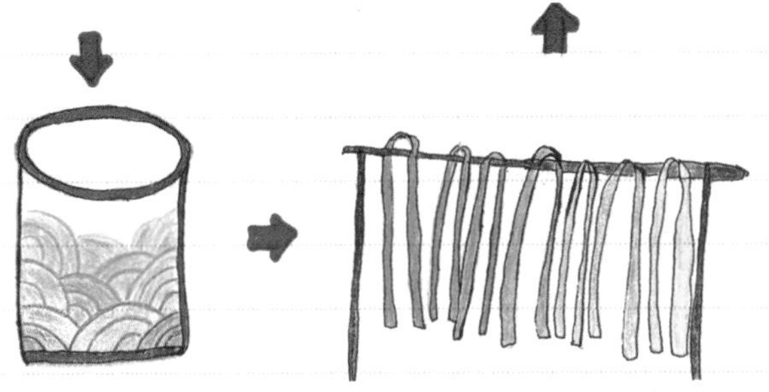

晒麻——晒干后苎麻颜色变成淡黄色了。

我在乡下奶奶家的屋后发现了大片大片的这种植物，奶奶称它为“麻”。它的学名叫作“苎麻”，是我们荣昌区非物质文化遗产，也是夏布的原料。

编织

苎麻纤维在之前无法用现代化纺织机械加工，只能靠传统手工技艺生产。

花朵如何变果实

1. 把昆虫吸引到
色彩鲜艳的花瓣上。
2. 让昆虫为花
朵授粉后花朵的子
房内部发育成种子。
3. 当你不再需
要，花瓣掉落，子
房开始膨胀。

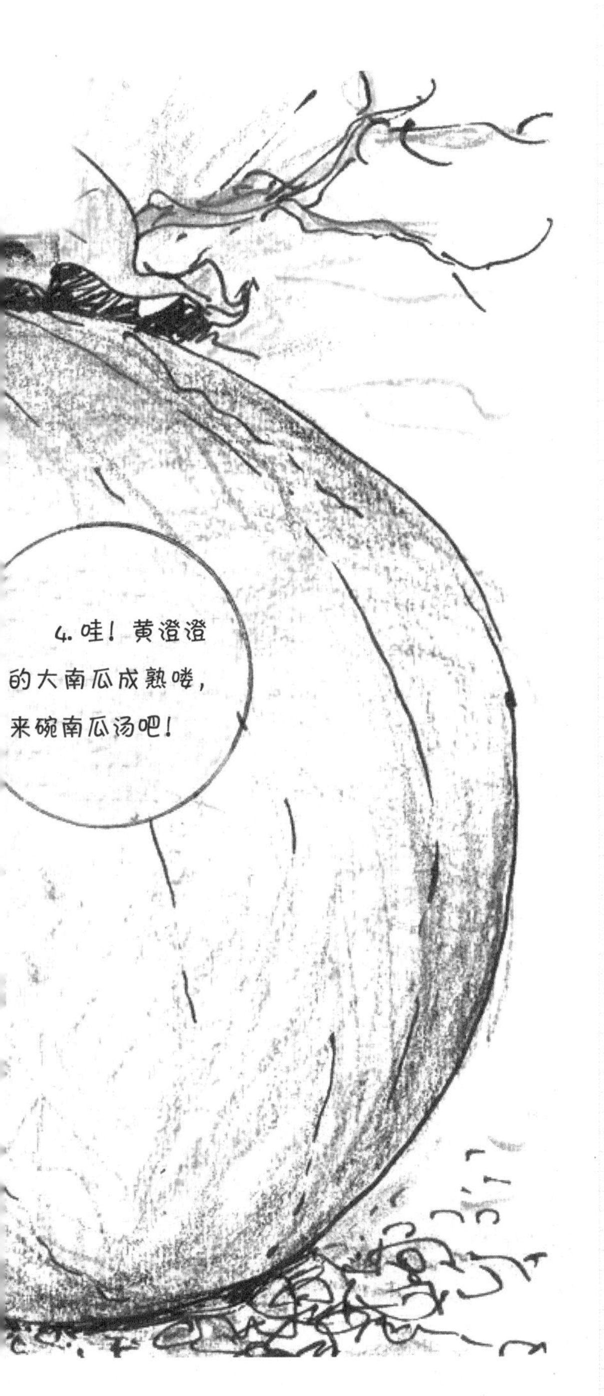

名师点评

这是一幅很好的美术作品，配色、画面布局都很和谐，一眼看去很亮眼。从题目来看，作者是想通过南瓜花来描述花朵如何变成果实的，过程虽然完整但过于简单，重点有些偏离，大部分页面用来画南瓜了。

如果要从观察笔记的角度去研究，可以从几个方面说明。首先南瓜花颜色很鲜艳，依靠昆虫进行传粉，属于虫媒花。虫媒花的特点是：花冠大，具有鲜艳的颜色，有香气或蜜腺；花粉粒较大，有黏性，容易黏附在昆虫的身体上；花粉有丰富的营养物质，可以作为昆虫的食物。

南瓜花是雌雄异花，所以是异花传粉，在描述时可以加上这一特点。异花传粉遗传性差异较大，后代会具有较强的生命力。

花粉落在雌花的柱头上，由花粉管输送到子房，形成胚珠，之后，胚珠发育成为果实的种子，子房发育为果实。

如果把这些过程表述清楚，清晰地表述出花朵是如何变成果实的，加上作者的绘画功力，一定会做出一篇很棒的观察笔记。

在外婆家的菜地里，一棵棵辣椒树笔直地站立着。枝条上长满了叶子，叶子之间挂满了朵朵娇小的花，它们的花瓣有五瓣的，也有六瓣的，漂亮极了。

辣椒生长过程

大概过了十多天，一些辣椒花凋谢了，只见叶子之间长满了碧绿的辣椒，头圆圆的，脚尖尖的，向下垂着，好像在向我点头、微笑。在枝条的顶部还不断地开出新的花朵。

又过了半个月，我发现最早长出的大辣椒变样儿了。它们头戴绿帽子，身穿红袍子，喜庆极了。成熟的辣椒红得似火，怪不得用它做出来的菜这么辣，不过我喜欢！

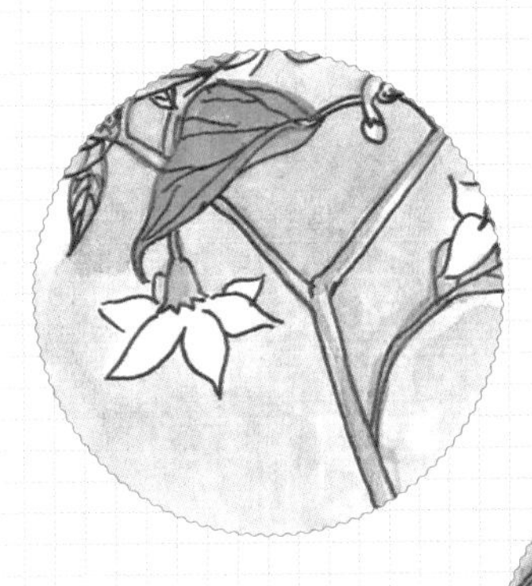

名师点评

作者很朴实地记录了辣椒从开花到结果的过程。虽然文字比较简单，不过从笔记中的配图可以发现，作者的观察还是非常细致的，无论是茎、叶还是花、果实都很形象。

如果作者在认真观察的基础上，能够把握住科学的严谨性就更好了。比如“一些辣椒花凋谢了，只见叶子之间长满了碧绿的辣椒”，不如写成“一些辣椒花的花瓣脱落了，萼片中间部分却逐渐膨大，形成了碧绿的辣椒”。辣椒不是花脱落后从别的地方长出来的，而是花的雌蕊中的子房膨大后形成的。小作者可能没有深究果实是由植物的哪部分形成的，只看到辣椒是由花的某部分发育形成的。

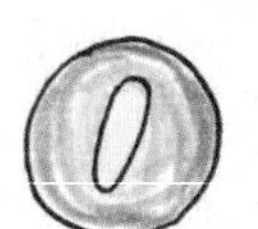

时间：4.5　清明
天气：多云

牵牛花，别名喇叭花、筋角拉子、勤娘子等。旋花科，属一年生蔓性缠绕草本花卉。叶互生，全缘或具叶裂。聚伞花序腋生，一朵至数朵。花冠喇叭样。种子为常用中药，名丑牛子、黑丑、白丑、二丑，入药多用黑丑。

牵牛花

时间：4.20　谷雨
天气：多云

去年我和妈妈一起收集了一些牵牛花的种子，今年惊蛰过后，我们把种子撒在了阳台的花盆里。清明节前后，种子发芽了，每株牵牛花都长出了像蝴蝶翅膀一样漂亮的两片嫩叶。

时间：5.20 小满

天气：多云

牵牛花，在春天雨露的滋润下，在夏天阳光的照耀下，长得好快。长叶、牵蔓、打苞，终于开花了。花的样子真像喇叭，而且颜色非常鲜艳。花由中心的白色慢慢过渡成浅紫，浅紫向花边缘慢慢加深，最后变成深紫色，看是不是很神奇呀！这些漂亮的花还引起了七星瓢虫的兴趣，停到花下面目不转睛地欣赏着。明年，我还要继续播种牵牛花。

名师点评

作者对牵牛花从种子开始一直到开花进行了生长过程描述。

一般介绍植物时，可以将它的某个特点进行详细介绍，也可以从根、茎、叶、花、果实、种子六方面进行介绍，在画图时可以采用局部放大的方法，然后标注出放大的是哪一部分，还可以标注出其尺寸大小，这样能够看出每个部分的细节。

观察笔记的重点在于看过笔记后能够对你描述的事物有个简单了解，作者的描写更接近于生活日记，无法达到这个效果。

未开放的辣椒花白白的、圆圆的像大白米，有的小一点，有的圆一点。辣椒叶绿油油的，叶子却是一边宽一边窄。

青椒

哇！终于我期待已久的果实——青椒，冒出了头。果实十分滑润，尖顶的颜色比较深，藤弟儿紧紧包住果实，不让果实掉落。但花朵已经变成了深棕色，中间还是有点绿，深绿色的一片一片的花蕊。

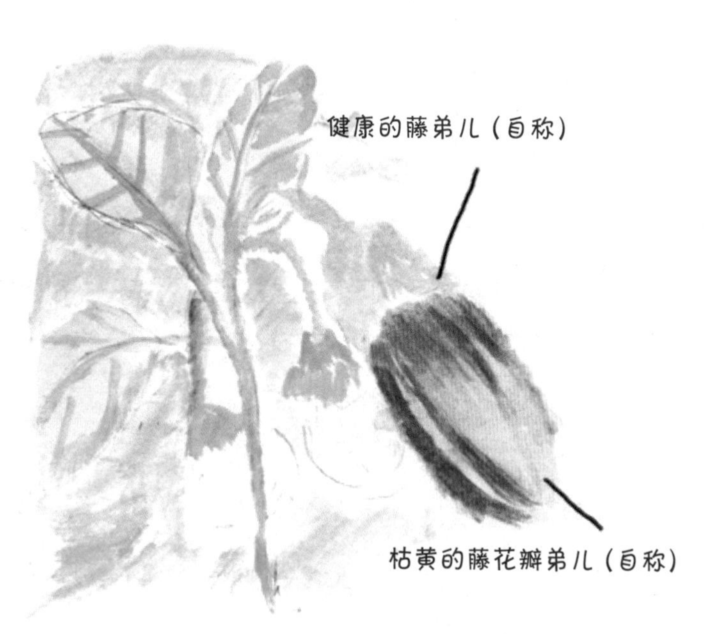

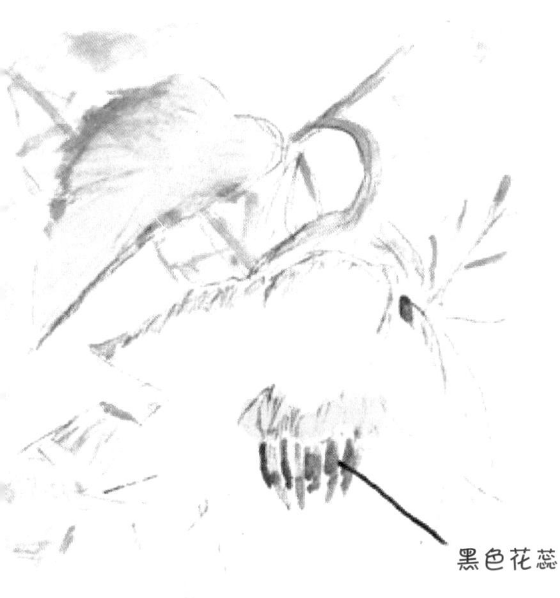

通过我的仔细观察，竟然发现花蕊是黑色的，花蕊的一层是淡淡的柠檬黄。

辣椒花开始枯黄了，花瓣中间有些微微泛黄，花瓣边边变成棕黄色，里面是很深的橙黄色，而它上面的那个藤弟儿（自称），却显得十分健康，叶子也毫发未损，看来是花朵把营养、水分都献给藤弟儿和叶子了。

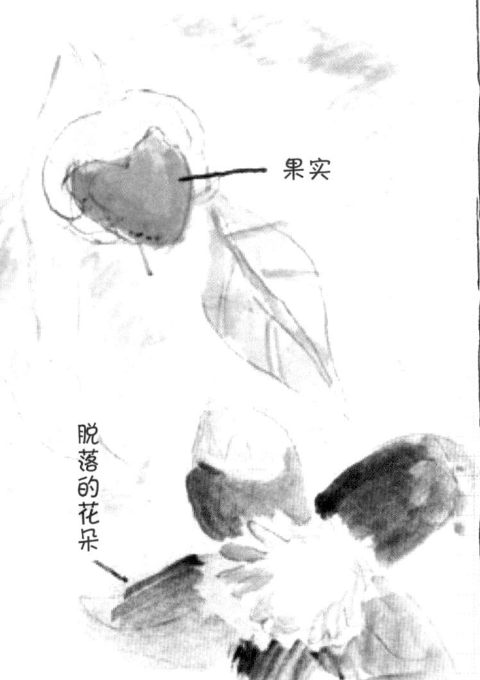

这篇笔记重点描述的是辣椒花的样子。

笔记中存在几个问题：

（1）“辣椒叶绿油油的，叶子却是一边宽一边窄。”这可能只是其中的某一片叶子，但这样的描述很可能给别人一种错觉是辣椒叶是不对称的，其实辣椒叶有的叶片上有褶皱，可能看起来一边宽一边窄，这点要描述清楚。

（2）辣椒叶全缘，顶端是短渐尖或急尖，叶互生，这一特点没有在图上表现出来。

（3）“看来是花朵把营养、水分都献给藤弟儿和叶子了”这段描述是作者自己的主观想象，而观察笔记应该以事实为依据。花瓣枯萎主要是为了给果实的生长保存更多的水分和营养，所以渐渐枯萎。

（4）作者所说的“藤弟儿”应该是辣椒花朵的花萼，且笔记开头介绍是辣椒花，最后说到果实又变成了青椒，这是两种不同的植物；还有花蕊，前面说是深绿色的，后面又说是黑色的。自然笔记如果前后不统一就失去了科学的严谨性。

水仙开花

寒假，我与妈妈一起去花鸟市场，买了一盆长得白得像大蒜的种子。妈妈告诉我说：“这是水仙的种子。”

①

水仙发芽了

②

水仙长出了绿绿的叶子

2月1日

经过两个多星期的生长，它已经长出了绿色的叶子，绿绿的，嫩嫩的，很逗人喜欢。

2月25日

2月底，天气慢慢开始变暖了。不知不觉中，我发现已经开出三个花苞了，也有一些小小的花苞，颜色是白色偏黄色的，干干的。

③

水仙现花蕾

名师点评

从绘画方面看，作者把水仙画得惟妙惟肖，从只有一个鳞茎，到长出叶子、花苞，再到开花，每个阶段都描绘得很细致。

作者通过生长周期介绍了水仙这种植物，但有几处描述不准确。（1）通常买回家的像大蒜一样的部分不是水仙的种子，而是它的鳞茎。从图上能看出来，水仙的根为须根，加上鳞茎一起看，确实比较像大蒜。（2）水仙的花瓣多为6瓣，作者可能没有太注意到这个细节，基本画的是5片花瓣。（3）水仙花蕊外面还有个像小碗一样的保护罩没有在画中完全体现出来。

薄荷成长记

观察时间 7 月 5-26 日

七月的一天我从朋友的花园里带回几株薄荷草，薄荷草长得很健壮。我把一株有根的小苗种在花箱里，又把一根粗壮的茎剪成几段，插进了土里等待它们长大。

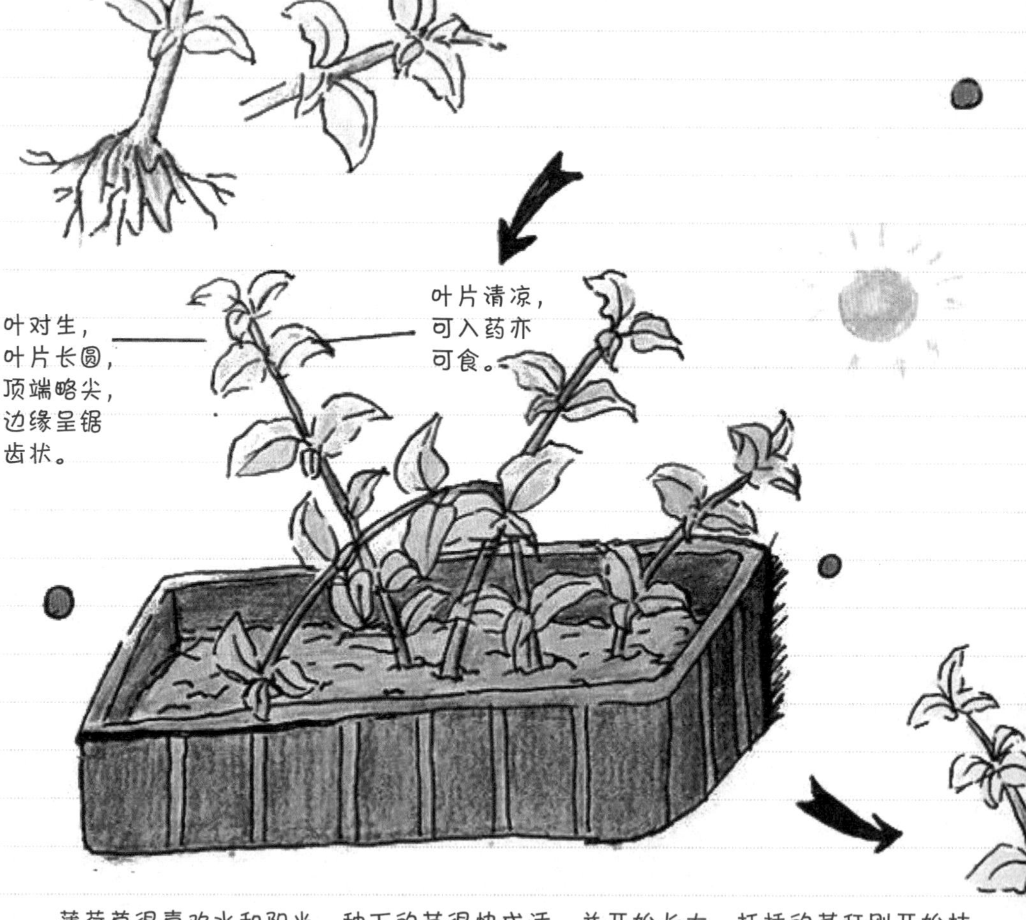

薄荷草很喜欢水和阳光，种下的苗很快成活，并开始长大。扦插的茎秆刚开始枯萎，但不过两天就精神起来，发出小芽。不到一周的时间，花箱已经被鲜嫩的小芽填满了一大半，从土里钻出的小苗不断长大，分枝越来越茂盛。在炎热的夏季看上一眼都感觉很清凉。

花球上有几个小黑点，原来是几只小虫子在上面忙碌着，另外一枝新长出的花穗上，有一只不知名的小虫子稳稳地停在上面一动不动，两只触角偶尔转动几下，是不是在思考它的虫生呢？看来薄荷草也有很多“粉丝”呢。

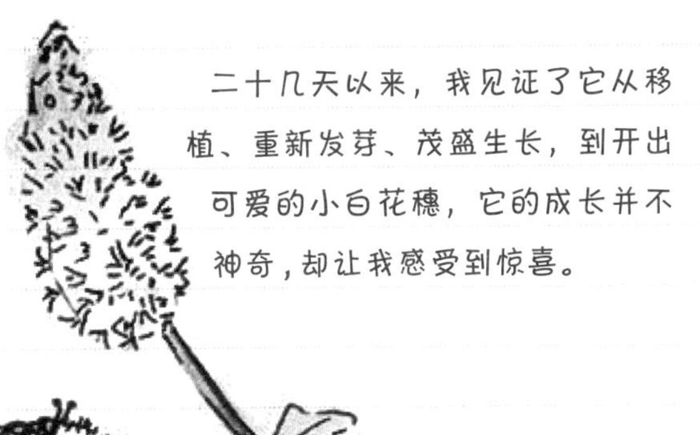

二十几天以来，我见证了它从移植、重新发芽、茂盛生长，到开出可爱的小白花穗，它的成长并不神奇，却让我感受到惊喜。

我用手摘下一片叶子揉了揉，味道有些奇怪，就像平时吃过的薄荷糖的味道。

我还听说可以用它的叶子做菜或炸着吃，哦！原来它早已在我的生活中频频出现呢。7月下旬一个阳光明媚的日子，我再次来到花箱前，突然一惊，这是什么？有些像狗尾巴草，仔细一瞧，却发现竟然是两株开放的白色的花，说是一株两株都不对，准确说是无数小花合成的一束花穗。

作者比较仔细地记录了从朋友家获取薄荷到薄荷开花的过程。首先记录了薄荷的种植方式，一个是带根种植，另外一个是分成几段来进行扦插种植，反映出了薄荷的生长繁殖方式。然后薄荷在开花之后，发现有虫子在上面的情况，观察和描写得都比较真实。对薄荷的味道，是用手揉过之后获取的，这体现作者是真实去做了这件事情。另外，建议作者在将来的观察中，可以了解一下为什么薄荷分成几段插入土中就能生长？花上面的虫子到底在干什么，有没有考虑到是在为薄荷进行传粉？

——孙英宝（中国科学院植物研究所第四代植物科学绘画家、工程师）

动物篇

过程观察

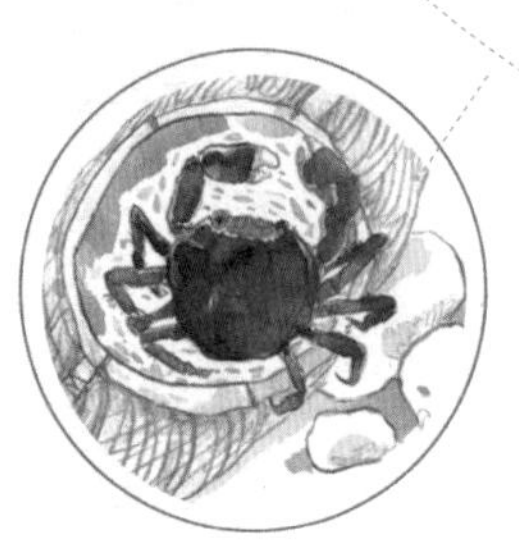

蚕

5月12日

任老师给了我几颗蚕卵，有1mm长、0.5mm宽。他告诉我蚕蛾生出卵不容易，我们要善待每个小生命。

5月20日

蚁蚕从卵里出来了，只有2mm长，小小的、黑黑的，弱不禁风，真是让我担心它们能不能活下来。

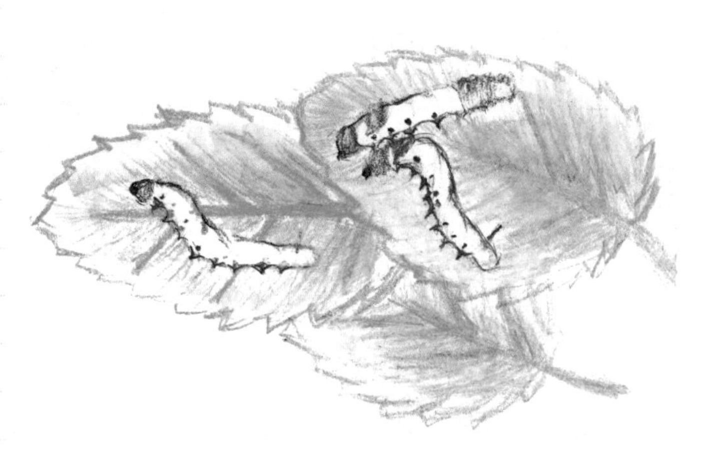

5月31日

在我无微不至的照料下，蚕宝宝们渐渐长大了，有6cm长。它们开始了第4次蜕皮。

6月4日

今天，有一只蚕宝宝开始吐丝啦！它的头一低一抬，吐丝的样子真可爱。

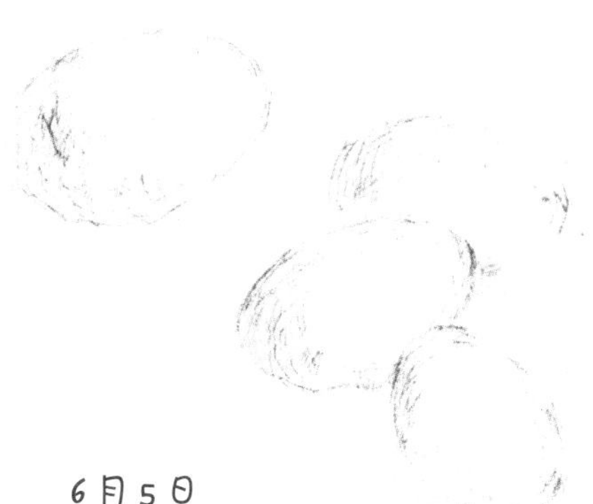

6月5日

蚕宝宝都结了3cm长的茧了。这犹如白玉般的茧，凝聚了多少蚕宝宝的心血啊！

名师点评

这应该算是养蚕日记，记录了蚕从蚕卵到蚕蛾破茧而出的过程，我被这位同学的画深深吸引，作品画得栩栩如生。

如果要写成一篇观察笔记，描述就不能这么简单啦！观察笔记首先是观察，而后是记录。可以先提前学习观察对象的知识，再做观察。以蚕的生长过程为例，从蚁蚕到熟蚕，这个过程需要经历五龄，蜕皮四次，每次蜕皮都是一个龄期，到第五龄末期开始进入熟蚕时期，这个时候蚕就开始吐丝了。文中描述了“蚕宝宝都结了3cm长的茧了”，这是结茧完成之后的样子，可以适当增加一些结茧时的过程描述，以及蚕蛹的硬度、颜色等；最后蚕破茧而出，是怎么出来的？出来的蚕是什么样子？这些都可以作为观察对象细致描述，让别人看到这份观察笔记后能够有很大收获。

6月16日

蚕蛾破茧而出，交配生子。它们的一生如此短暂，而留给我的，是无尽的思索……

蝉的羽化过程

一天清晨，我到小花园中喂鸟时，发现土里有一只大虫钻了出来，仔细一看，是一只即将羽化的蝉。于是我就静静地站在一旁，看幼蝉钻出土壤。

5:30 幼蝉钻出地面。

6:07 经过一番辛苦终于爬上了树枝。

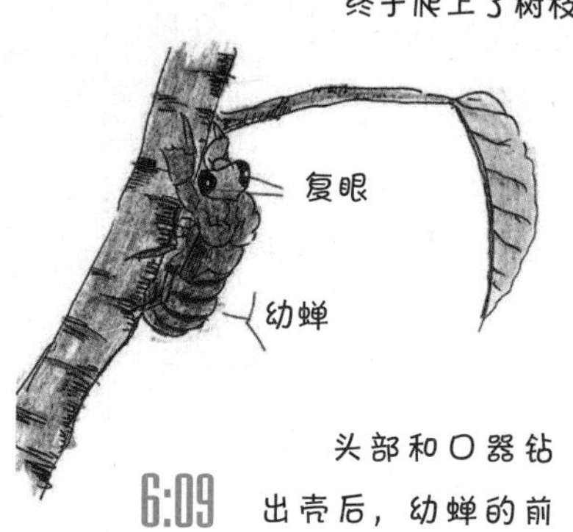

6:08

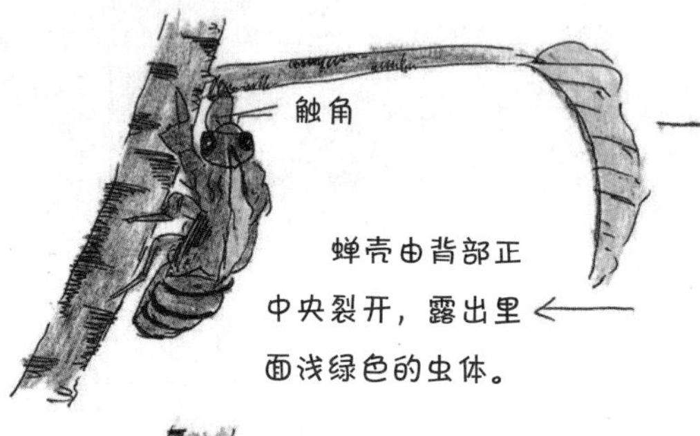

蝉壳由背部正中央裂开，露出里面浅绿色的虫体。

6:09 头部和口器钻出壳后，幼蝉的前肢也伸了出来。

头

6:16

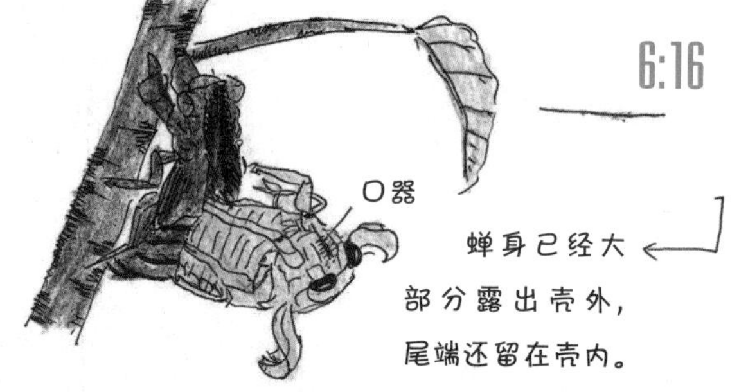

蝉身已经大部分露出壳外，尾端还留在壳内。

6:51 它全身都挣脱到壳外来了。

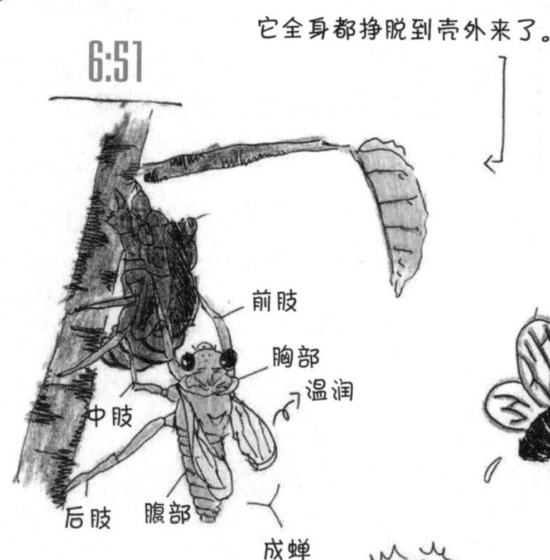

7:30 翅膀开始变干，变硬。

7:50 颜色逐渐变浓。

8:20 展翅高飞了。

3小时后
苦尽甘来

通过观察小小的幼蝉，我了解到大自然丰富多彩的奥秘。大到茫茫星空，小到滴滴露水，每一个事物中都折射出大自然鬼斧神工的光芒。我想，我应该保持一颗对大自然的好奇之心，融入大自然，与它成为一体。

名师点评

这篇观察笔记按照时间顺序，历时近三小时，能够坚持观察非常不容易。

从钻出地面到展翅高飞，蝉羽化全过程的每个阶段都介绍得比较清楚，图也反映出了完整的变化过程。

蝉的羽化一般在夜间进行，天亮前要展翅高飞，只有这样才能躲避天敌（鸟类）的捕食。除了蝉以外，蜻蜓、蝴蝶的羽化也在夜间，都是同样的道理。像笔记里所写的发生在清晨的羽化过程，倒是不多见，作者很幸运。

听取蛙声一片（一）

7月8日 第一次看见树蛙

夜晚，我拿着手电筒一出门就听见了树蛙那“嗒嗒”的声音。循声而去，一户院子里的水池边上，趴着一只树蛙，个头不大，应该是只雄蛙。我惊喜地欢呼，它却往叶子后面缩了缩，怨怼地瞪着我，似乎对亮光极为不满，是在怪我打搅了它吧！另一只树蛙蹲在喷泉的大理石柱子上蜷缩在角落里，手电筒的亮光并没有影响它求偶的呼叫，想来已经习惯了喷泉前的来来往往。

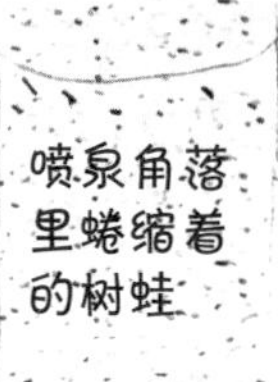

7月10日 院子里的树蛙走了。

晚上10:00左右，我拿着手电筒下了楼。院子里的那只还在，我才刚要拍几张照片，它却“扑哧”一声跳入草丛，似已不堪骚扰，我只得听其在草丛里欢鸣，却不见其踪。来到喷泉边，又见一只树蛙，趴在石壁上，个头比院子里的大些，我怀疑是雌蛙。一雄一雌，遥遥相对。

7月11日 喷泉边的蛙不见了

今天我再次去院子外找蛙。果真，那只雄蛙还闷闷地蹲在那里，嗓子里挤出有气无力的“哒哒”声，我给它拍了几张照，它木然不动，估计是懒得躲了。

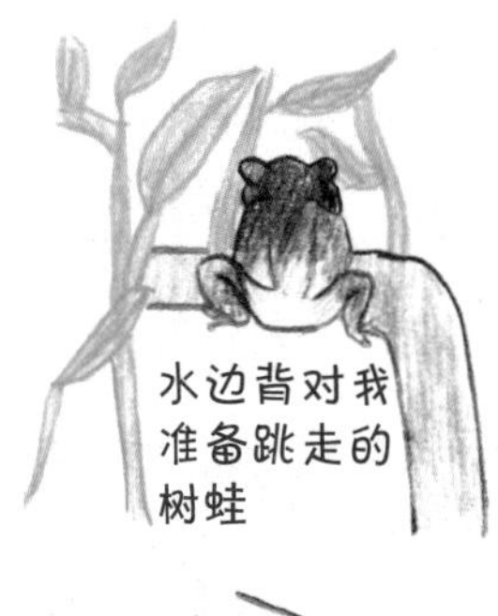

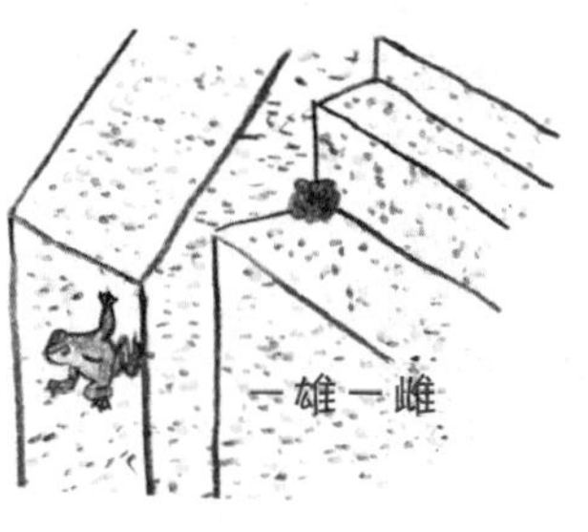

7月16日 望月怀远

今晚月光，格外皎皎。

雄蛙仰着头，望着白玉似的月彷徨着。明月相思，它的使命又何时能实现？

清辉一片，它注目凝眸，带着无限希冀静静仰望。凉月似水，浪漫、灵动。

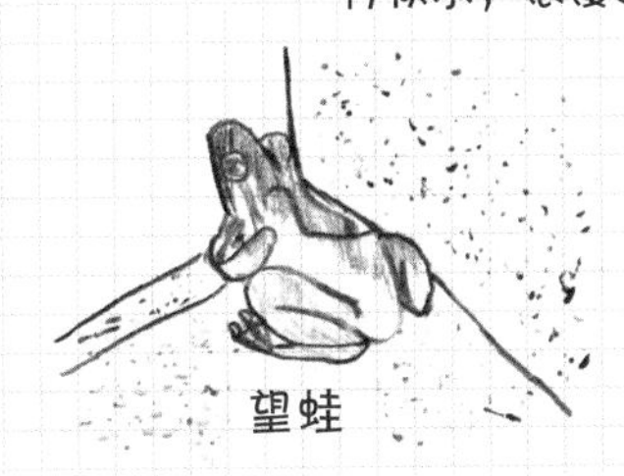

望蛙

7月17日 静特的小蛙

水池边，有只求偶的树蛙。

它有耐心地声声鸣叫着，低眉敛目，不焦不躁，与往常一样，见到手电筒的亮光就懵懵的模样。它就这样静静地等待着雌蛙的出现，这里，是它专注的当下。

“思想者”

7月18日 石壁上的树蛙

今夜，没在院子找到树蛙，却在另一个草木横生的院子听见了蛙鸣。可用尽千计也找不到半点树蛙的影子，只得失望而去。

在喷泉的石壁上趴着一只树蛙，由于找不到院子里的那一只，我兴缺缺地照了点相就回去了。

趴在石壁上的树蛙

8月3日 久别重逢

旅行归来，不知它们如何，拿了手电筒便去寻觅。小蛙们啊，你们可好？

院子里那一只仍是不得其踪，但在喷泉边，我却发现了两只蛙。一只是雄蛙，一直不停地鸣叫，试图引起雌蛙的注意。另一只不吭一声，趴在石柱上频频顾盼，似是雌蛙。

我在心中默默祝福。

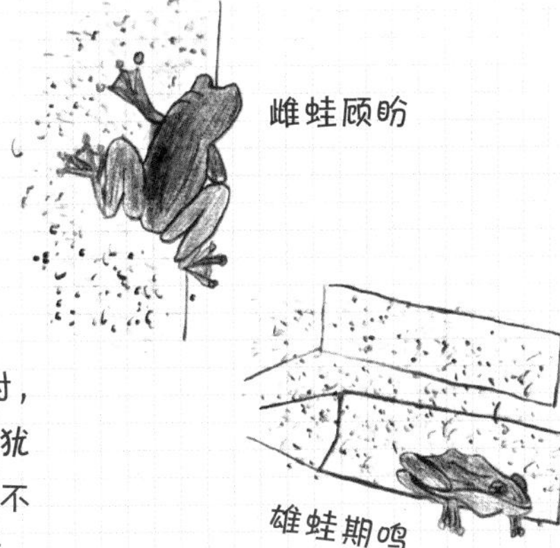

雌蛙顾盼

雄蛙期鸣

8月10日 树蛙重现

今天有惊喜。在我照样去院前找树蛙时，真的在池塘壁上看见了树蛙。我欣喜若狂犹如朋友重逢一般，哪怕不是那只，我也乐不可支。拍完照，我将它再三端详，不舍离去。

重现的树蛙

8月14日 可爱的小蛙

院子里的蛙又找不到了，很令人气馁，蛙依然叫着，但却不再见其踪影了。喷泉边，我们搜寻到了一只树蛙，它趴在壁的石缝上，歪着头，身体微扭，姿势颇滑稽可爱，但它丝毫不为笑声所动，依然执着地鸣叫着，随后，爬上夹缝躲到角落去了。

树蛙趴在石头夹缝上

喷泉边孤独的树蛙

8月15日 蛙成眷属

今天去喷泉时，我意外发现了一对交配的树蛙。雌蛙大，雄蛙小，这为什么呢？不过能遇到雌雄交配，我很幸运。我拍了几张照就知趣地离开了。

交配的雄蛙和雌蛙

8月16日 一个卵泡

雌蛙走了。独有两只雄蛙蹲在喷泉边此起彼伏地鸣叫着，在距它们不远的地方，有一个圆滚滚的球，乳黄色，凹凸不平。原来，这是树蛙的卵泡，小树蛙就孕育在里面。我不免有些激动，我竟能看见树蛙求偶、交配、产卵的全过程，实属有幸。

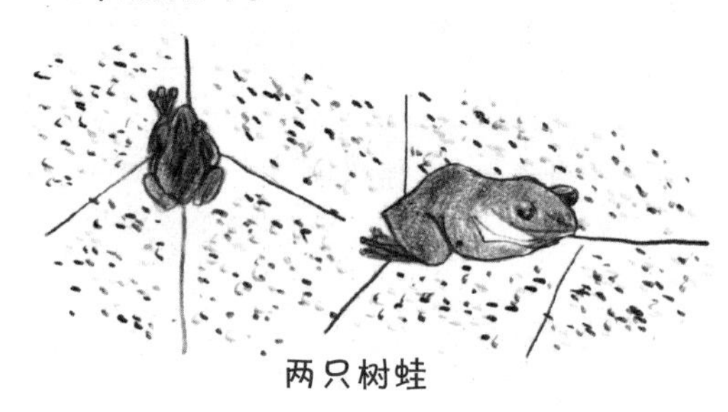

两只树蛙

在四川斑腿泛树蛙的繁殖季节为4～8月，繁殖季节雄蛙彻夜鸣叫且具有领地意识。

斑腿泛树蛙多在4～6月产卵，卵群附着在稻田或静水塘岸边草丛中或泥窝内，卵泡呈乳黄色，含卵250～2410粒。

一个卵泡

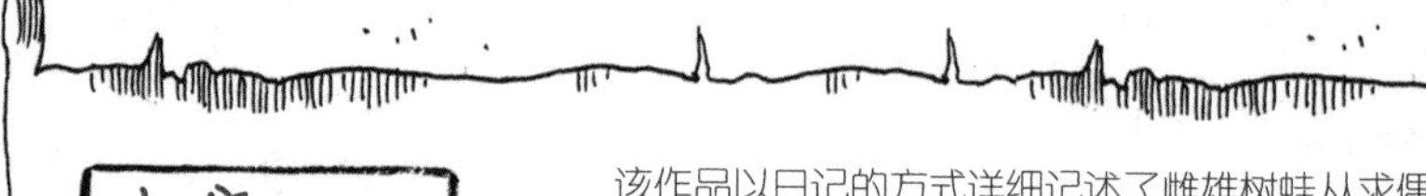

专家点评

该作品以日记的方式详细记述了雌雄树蛙从求偶、配对到产卵、孵化的连续过程，绘画虽简单，但较准确地反映了树蛙的主要形态特征及繁殖行为、环境等科学内容。展现了作者良好的科学素养和较强的调查、研究水平。

——钟婧（重庆自然博物馆副研究馆员）

听取蛙声一片（二）

7月8日～8月14日 求偶

这一段时间，是我观察到的树蛙求偶时间，产卵后虽然也依旧有一段时间在鸣叫，但由于并未记录，所以不提。中途旅行，归来依旧蛙声不断。

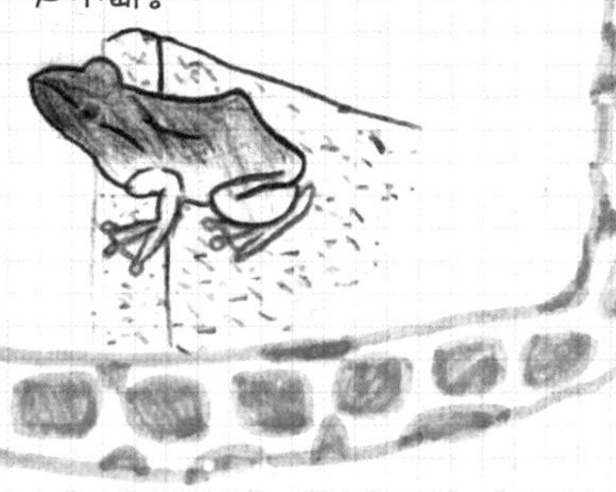

在观察树蛙求偶的这段时间里，我发现树蛙几乎固定出现在喷泉边和院子里。据了解，树蛙有领地意识，会在固定的地点进行求偶。

但是，也许是由于我频繁打扰的缘故，院子里的树蛙声音慢慢地变小了。出去旅行数天后，音量又恢复如初。

8月15日 交配

很幸运，观察到了树蛙的交配，时间应该较晚了吧，因为人类的影响，求偶、交配、产卵都略有延迟。

喷泉前面人来人往，相应地影响了树蛙的求偶进度，院子里的树蛙已然产出卵泡，喷泉旁的鸣叫声却还持续不断，正常树蛙的求偶时间约为5～8月，喷泉边的树蛙却在产卵之后又鸣叫到了9月中旬。

8月16日 产卵

没有观察到产卵过程，想来是在深夜进行的。梨状的卵泡挂在池壁上，一天比一天干瘪，直至三天后完全消融不见了，里面的小蛙们想来可能也入水了吧。

显然，人类的活动一定会影响到树蛙的生活，在这样的环境下，树蛙与我们，真的能共存吗？不好说。这个问题，值得我们深思，我们该怎样平衡生物、自然与人类的天平，该怎样和它们和睦相处呢？

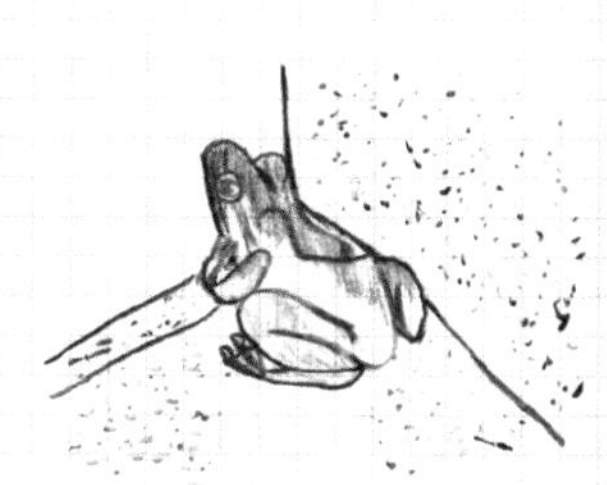

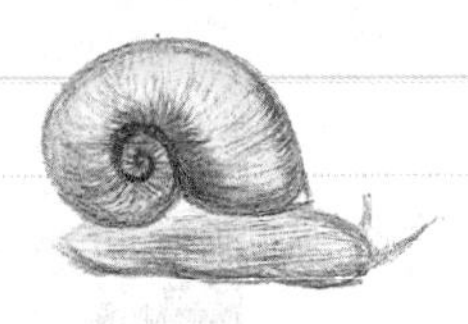

苹果螺的一生

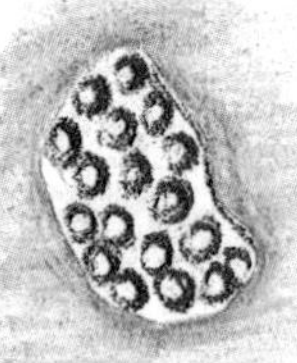

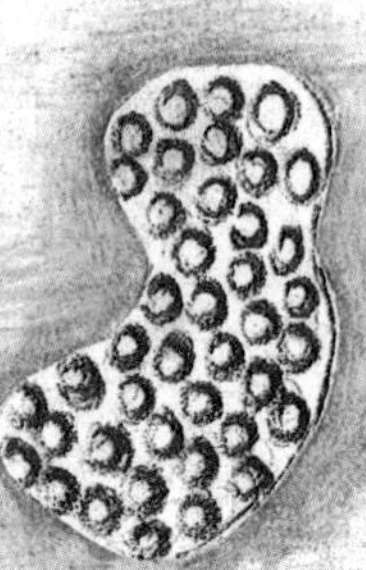

一颗仅0.5毫米，毫不起眼附着在玻璃缸内。

3月7日

我发现了苹果螺卵。

苹果螺的卵包裹在无色透明的胶质中。

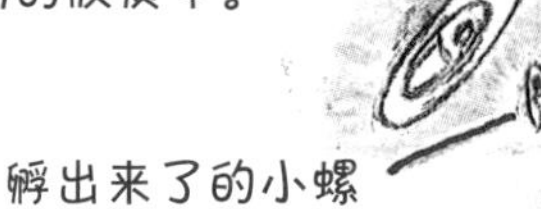

孵出来了的小螺

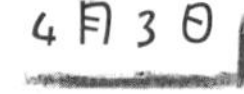

4月3日

每个卵独立开来，有的被鱼吃掉，有的慢慢长大。

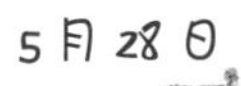

5月28日

小螺基本成形，渐渐由透明转为红色。

长大一点的螺

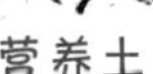

营养土

受水质影响，苹果螺会发白死亡。螺肉会被其他鱼或同类吃掉，剩下的壳会慢慢烂掉，混进土壤里。

苹果螺属于雌雄同体的软体动物，只要有两只苹果螺就能繁殖。

发育成熟的螺

8月24日

这时的螺大约有1厘米左右，已经成年了。

螺死后的壳

牢吸在缸壁上

身体像吸盘牢

我在家养了一缸热带鱼，为了防止鱼缸里长太多藻类，于是我买了几只吃藻能手——苹果螺。苹果螺的繁殖十分快，不过一个月就从几只变成了几十只，与此同时，我也观察到了苹果螺的一生。

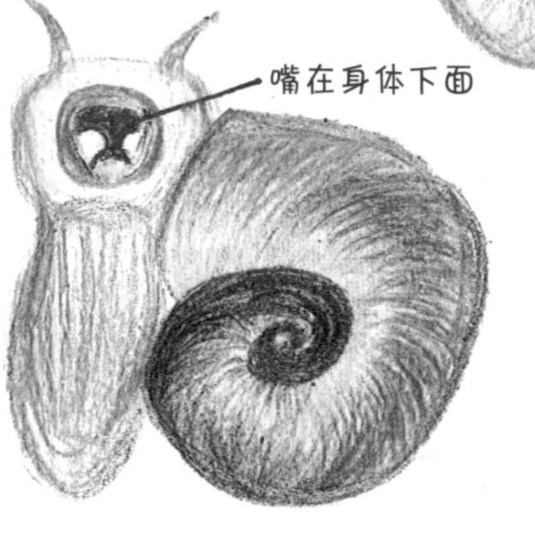

苹果螺喜欢25～30摄氏度的水温，所以我在冬天要准备加热棒。

苹果螺的壳最大直径可达2.5厘米左右。苹果螺是直接呼吸空气的螺类，因此壳口敞开，没有口盖；有一对触角，触角是苹果螺感受外界的重要器官，触角被小鱼咬掉后还能再长出。

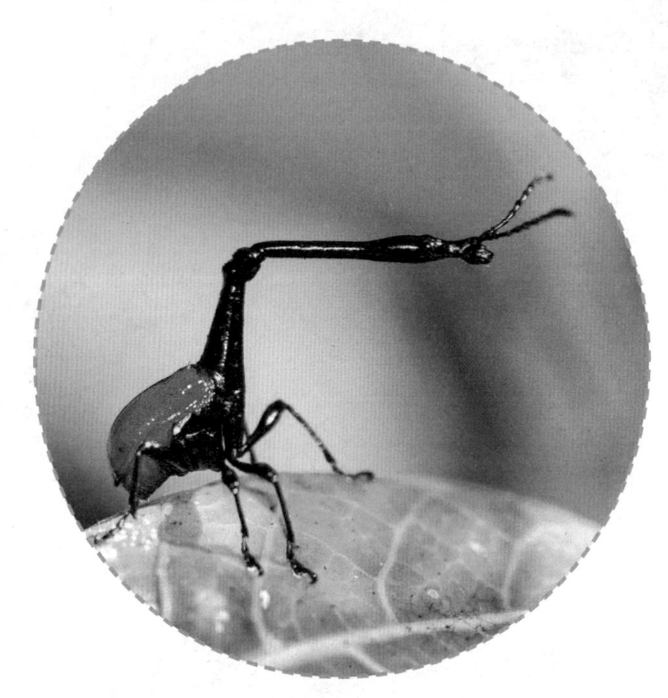

象鼻虫

月季上的象鼻虫

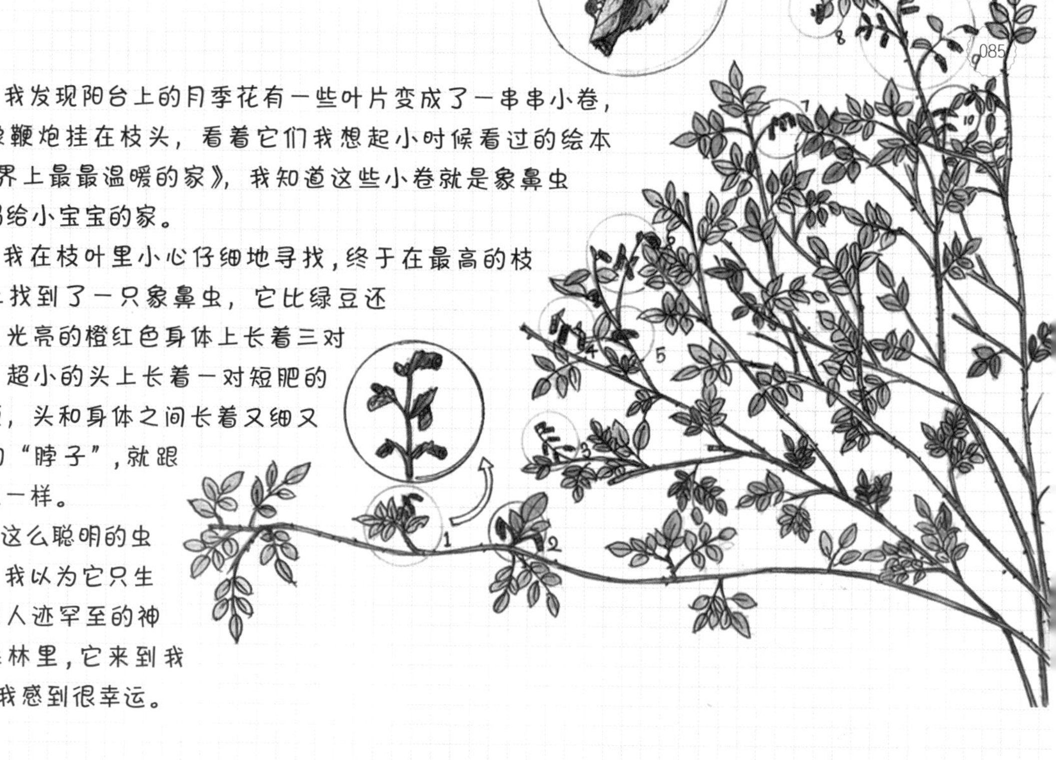

我发现阳台上的月季花有一些叶片变成了一串串小卷，就像鞭炮挂在枝头，看着它们我想起小时候看过的绘本《世界上最最温暖的家》，我知道这些小卷就是象鼻虫妈妈给小宝宝的家。

我在枝叶里小心仔细地寻找，终于在最高的枝头上找到了一只象鼻虫，它比绿豆还小，光亮的橙红色身体上长着三对脚，超小的头上长着一对短肥的触须，头和身体之间长着又细又长的“脖子”，就跟书里一样。

这么聪明的虫子，我以为它只生活在人迹罕至的神秘森林里，它来到我家，我感到很幸运。

象鼻虫妈妈 育儿课堂

我用了好几个早晨和周末在阳台上守着，偶尔会看到象鼻虫妈妈停在枝头，好像在守护它的孩子。可惜我没能看到“育儿袋”的制作过程，只好去找纪录片看，脑补了这节育儿课堂。

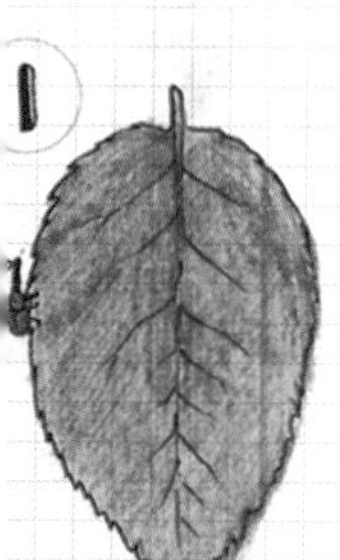

象鼻虫妈妈先挑选一片月季的嫩叶。

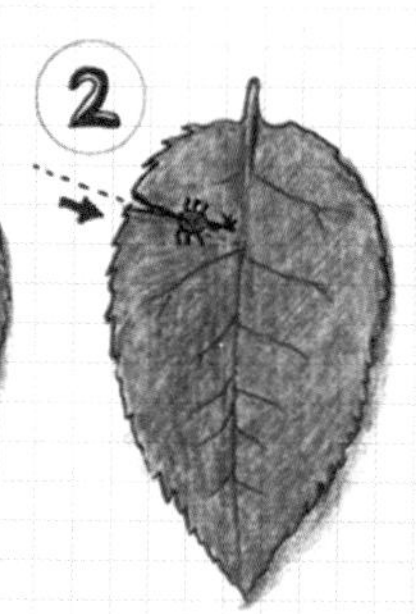

沿虚线剪开叶片（如图所示）。

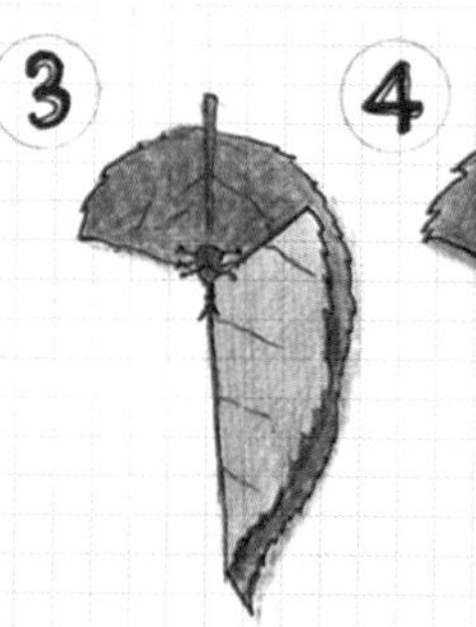

用脚把叶片剪开的部分对折。

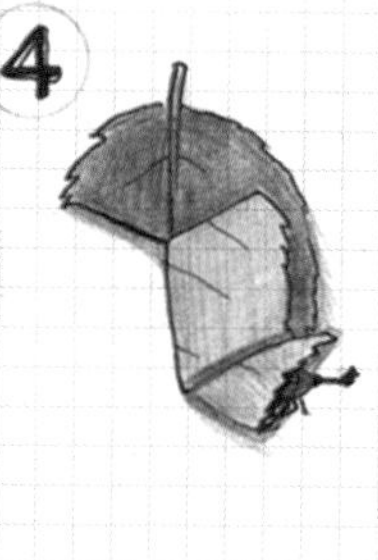

把对折后的叶片的尖往上折，在折出的小兜里产卵。

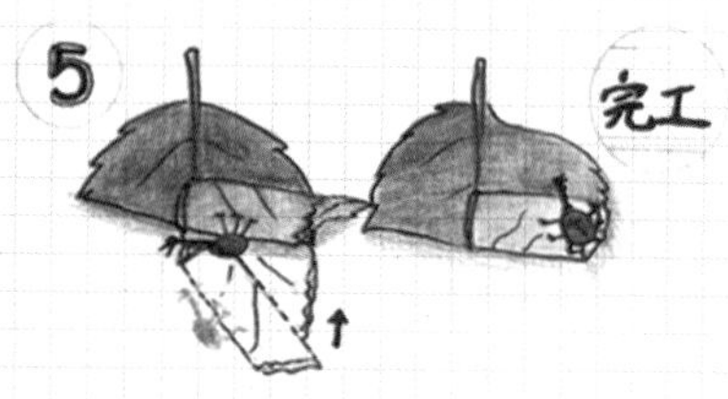

然后它快速地把叶子卷到切口的位置，再爬到叶的边缘，把叶边往里面塞，最后这个“育儿袋”变得特别坚固，风吹雨打都不怕了。

小热带鱼

孔雀鱼是一种小型的热带鱼，只有3~5厘米长，娇小玲珑，颜色绚丽多彩，尤其是雄鱼更美丽，身上掺杂着各种色彩，犹如天上的彩虹。鱼身上还有几个蓝色的小圆斑，像孔雀尾屏上的眼状斑，所以叫孔雀鱼。

初夏：

我养了两条孔雀鱼，一条公鱼，一条母鱼。

接下来的十多天：

我每天给鱼儿喂食，我将鱼食撒进水里，鱼儿飞快地游过去，一口就吞掉正在往下沉的鱼食，动作轻快矫捷。我就喜欢这么静静地看着它们在水里觅食、嬉闹、游玩……

二十多天后：

我发现那条母鱼的肚子越来越大。有一天，我居然看

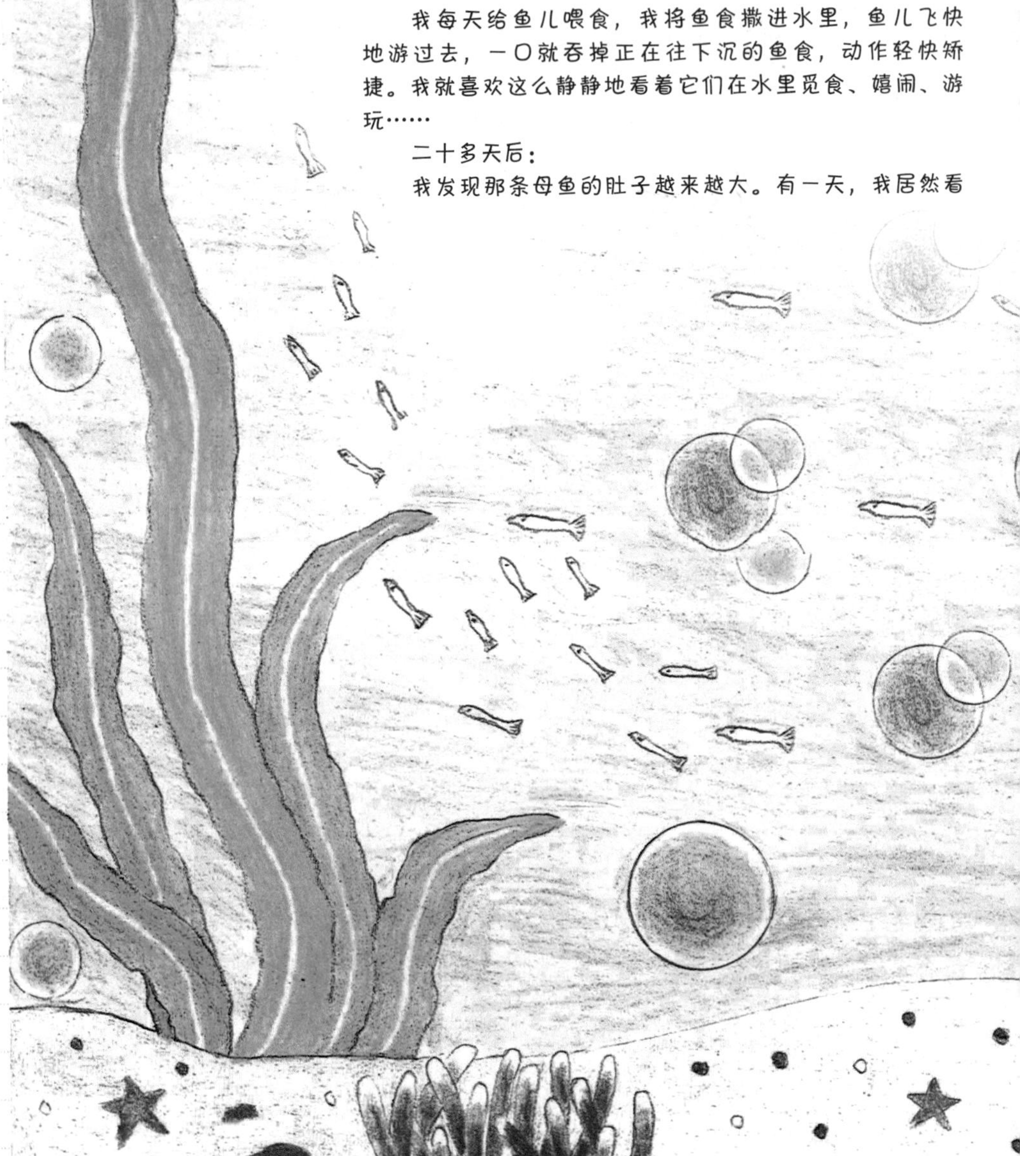

见两条小鱼在水里游来游去，我又惊喜又诧异，这小鱼是从哪来的？我正搜寻着小鱼的来处，忽然看见一条小鱼从母鱼的肚子里掉下来……原来是母鱼在生小宝宝！我一下子兴奋起来，原来孔雀鱼是直接下的鱼宝宝啊！我目不转睛地盯着母鱼，母鱼下完一条小宝宝，休息一会儿，又下了一条。小宝宝有些生下来就游走了，有些掉到水底，睡一会，然后扭动身子努力游起来。

两个月后：

小鱼儿一天天长大了，我每天给它们喂细细的鱼食，鱼儿长到一二厘米长的时候，它们的尾巴开始变色了，有些出现了黄、红、黑相间的颜色，我知道这是公鱼，有些尾巴是黑白相间，这是母鱼。我现在不只有两条鱼了，还有它们的一群宝贝，一个好快乐的大家庭……

名师点评

作者重点描写了孔雀鱼产小鱼、小鱼长大的过程。孔雀鱼不在水中产卵，而是直接生小鱼，属于卵胎生。卵胎生指动物的卵在母体内发育成新的个体后才产出母体的生殖方式。受精卵虽然是在母体内发育成新个体，但其营养物质仍然依靠卵自身所含的卵黄供给，与母体没有或只有很少的营养联系。

需要注意的是，孔雀鱼不会照顾自己的孩子，甚至会吃掉小鱼。所以正常情况下，应该把小鱼捞出，放到另一个鱼缸里。

小鸟成长记

我家的阳台上有特别茂盛的一棵米兰树。在6月的一天，爸爸偶然间在阳台的树上发现了一个鸟窝。那时，窝里面已经有了3只鸟蛋！

大概过了十天左右，小鸟孵化出来了！为了更加仔细地观察小鸟的成长过程，爸爸还在阳台上装了个小型摄像头。

鸟爸鸟妈给小鸟喂食的场景最有趣。小鸟们都把嘴巴张得很大很大等着喂食，而当鸟妈把蛾子、虫子之类的放入它们口中后，就在下一秒，它们便屁股朝上，一坨晶莹的果冻状的东西被拉了出来，接着竟然被鸟妈吃掉了！

到7月的时候，小鸟羽翼已丰。其中有两只很快就离巢了，但剩下的那一只就特别的“怂”，怎么都不肯飞，把鸟爸鸟妈都急坏了。它在窝边的枝头上的一个固定位置站了一天一夜，最终还是飞走了！

自然笔记的观察对象

文 / 任众

　　自然笔记可以涉猎一切有关自然的内容：自然物、自然美、自然力、自然风光……从微观世界的真菌微生物，到宏观世界的地球宇宙，太多太多的自然内容都可以与我们的自然笔记相关联。

有关植物

小到一株草，大到一棵树，它的花、叶、茎、根、果实、种子等的颜色，形态都可以成为我们的观察对象，甚至鲜花枯萎、叶片败落、干果落地、树皮剥落、冬日枯枝……也都是值得我们记录的内容。

不同的植物都有自己的特征和习性。四季变化，昼夜轮回时，它们可能会呈现出不同的形态；为了生存繁衍，它们各显神通，招徕帮助自身生长的动物，有时却因自身的软肋而为虫所害；有些植物相聚甚欢，而有些则水火不容；它们种子传播方式各异；应对生存环境能力各异……植物有太多有趣的内容值得我们去关注。

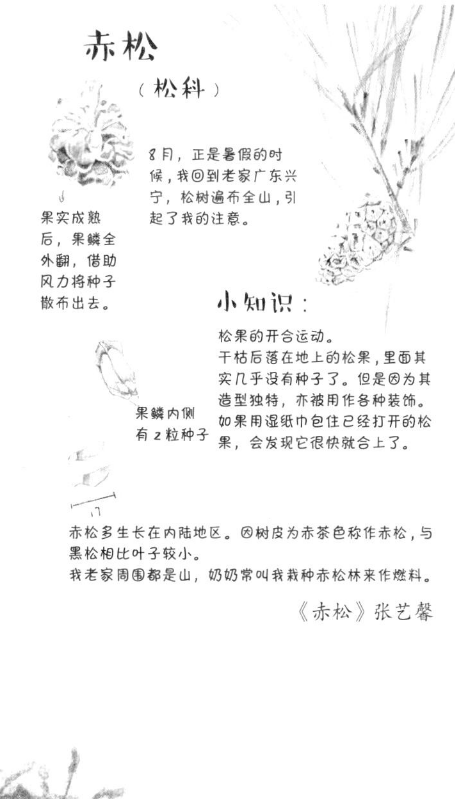

《赤松》张艺馨

有关鸟类

在树木茂密的居民小区里，常见很多种类的鸟儿。其他能观察到较多鸟儿的地方一般是在湿地、林带、森林公园。湿地观鸟最好带望远镜，大多数野生鸟类警惕性较高，适合远观。

观察鸟类，除了鸟的外形，还可以记录它们落地或飞翔的姿态、鸣声、求偶筑巢、哺育幼鸟、觅食喝水、随时间天气变化种类及数量的变化、它们与周围动植物产生的关系等。

另外，我们目所能及的鸟窝、鸟蛋、地上的落羽，甚至鸟粪也都可以成为有趣的记录对象。

羽毛是鸟类所特有的，由表皮最外层的细胞形成的一种结构叫羽，覆盖在其身体表面，轻而坚硬，有弹性和防水性，具有保护、飞翔的功能。

正羽是鸟羽的一种，由羽根、羽轴和羽片组成，羽轴上生着许多羽瓣。它可以制成扇、扫帚等用品。副羽是鸟羽的另一种，又叫“后羽”，生在正羽的基部，一般被人称为丛生分散的小羽毛。

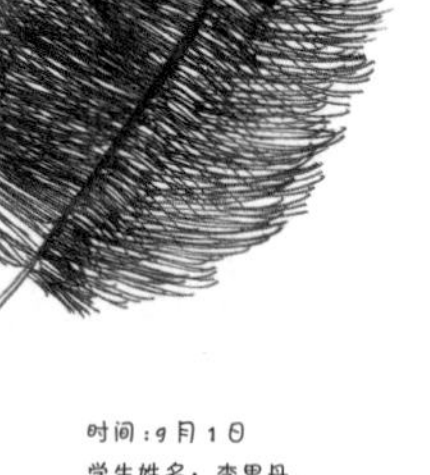

我的感悟

1. 小小羽毛也有不小的作用。人生也是这样，每个人都有特点、有价值，才更不应轻言放弃。
2. 小鸟在天空飞翔，都是需要一定的条件的。因此，若是失败，何不从头再来，就像小雏鹰，在天空翱翔。

时间：9月1日
学生姓名：李思丹.
指导老师：邓可以
学校：大足中学

有关昆虫

昆虫的体型小或保护色强，常常将自己隐藏起来，要观察到它们，需要有耐心、有技巧。

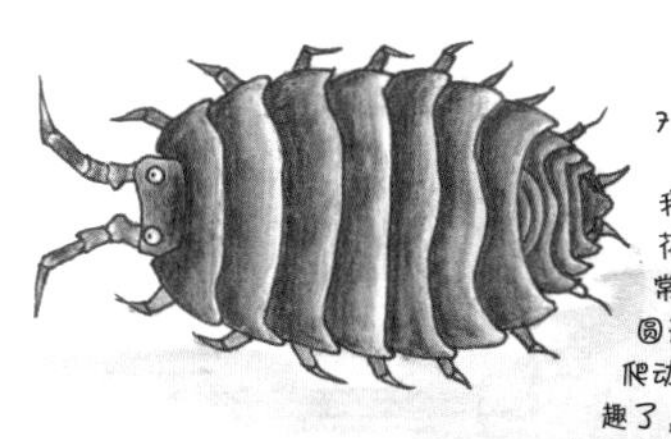

7月21日

我们小区有个花坛，翻开花坛里的枯叶和石块，常常会看到一些身体呈长椭圆形、灰褐色的小动物在爬动。这些小动物们可有趣了，当你用树枝戳它们时，它们就会停止前进，把身体蜷成一个球形，等危险解除了，再慢慢地打开身体，快速逃走。它们就是爱潮湿阴暗环境的鼠妇。

通常我们更容易在那些没打过农药的树木上发现昆虫。而观察一棵树甚或一株草，若能多看看它们的叶背面也更容易发现昆虫的踪迹。可以四处搜索虫虫们活动时留下的痕迹，比如被啃食过的叶片，小小的颗粒状粪便，结了丝网的树丛……总之，一切有异样的地方都是有可能发现虫虫们踪迹的线索。

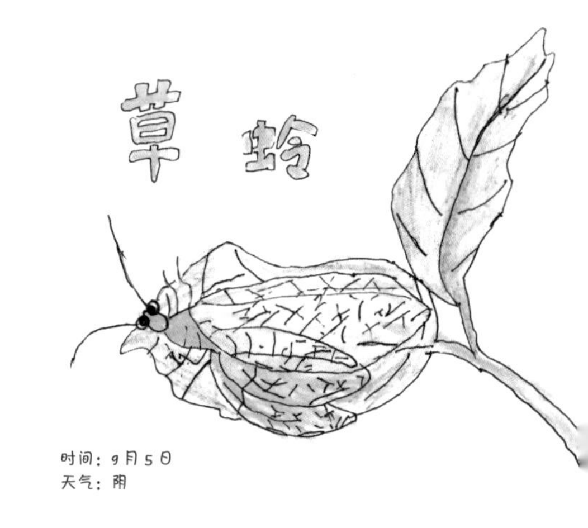

还可以专门到那些受虫虫们欢迎的树下或草上去守株待兔。比如常会在酢浆草上看到灰蝶的卵粒，在石楠叶上发现刺蛾的幼虫，在鹅掌楸的叶背上找到蝽卵和蝽若，在有蚜虫出没的叶片周围找到瓢虫、蚂蚁或蚜狮……

当然除此之外，墙角处、石块下也常可以找到虫虫们的踪迹。

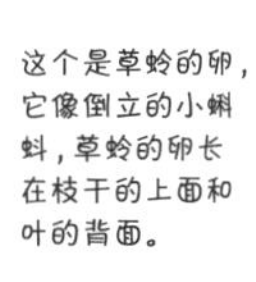

有关天气天象

对于天气，我们可以文字形式说说体感和衣着，也可以通过绘画表现云朵、日照、星辰月相、清晨黄昏、阴晴风雨、霜雪雷电……并且描述它们发生时动植物的状况。

很多时候，说到自然，我们就会联想青山绿水，一提起到自然中去，就等同于去远方。其实，在我们身边，随时随地都有自然。窗外、小区里、街心公园、放学上学的路上、等车等人的空档，甚至即使是室内也有可以观察到的自然。

想想看，不出家门，我们可以看到的自然物或自然现象有哪些呢?

哎，真是太多太多了！比如：满室的阳光、阳台的绿植、墙角偶然出现的蜘蛛、夏夜的蚊蝇、扑亮而来的蛾、每天买回的果蔬、大米豆类里生出的象甲，以及窗外的树、鸟、天空、落日或朝阳……

自然笔记的对象包含了动植物、天气、天象、地理、地质等一切自然形成的事物，别忘了，我们人也是自然的一部分。我们会在笔记中不停地发现自然物间的联系，而与自然物产生最广泛关联的是我们人类。因此记录人与自然互相的影响，也是笔记重要的组成部分。

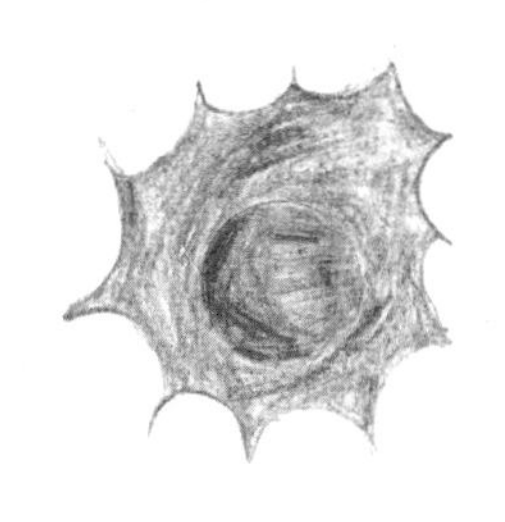

时间：8月12日
天气：晴
气温：30℃
地点：凤山公园

绘画的现象是太阳雨。当时，又在出太阳，又在下雨，没有乌云，太阳的光芒很刺眼，树木茂盛。

观察时，心情很惊奇。

过后我在思考：为什么有太阳时又有雨呢？

植物篇

现象观察

植物的吐水现象

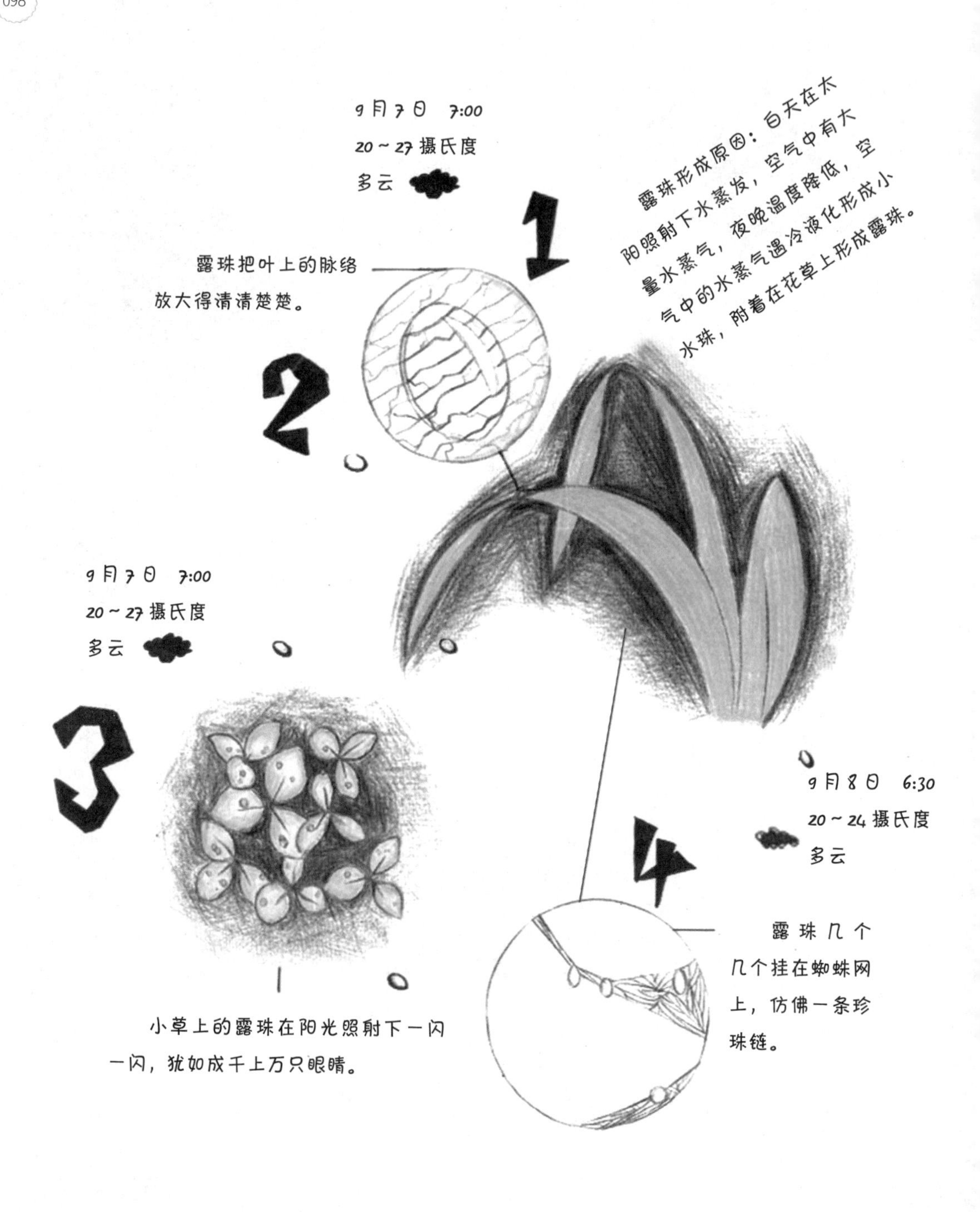
9月7日 7:00
20～27 摄氏度
多云
1
露珠形成原因：白天在太阳照射下水蒸发，空气中有大量水蒸气，夜晚温度降低，空气中的水蒸气遇冷液化形成小水珠，附着在花草上形成露珠。
露珠把叶上的脉络放大得清清楚楚。
2
9月7日 7:00
20～27 摄氏度
多云
3
9月8日 6:30
20～24 摄氏度
多云
4
露珠几个几个挂在蜘蛛网上，仿佛一条珍珠链。
小草上的露珠在阳光照射下一闪一闪，犹如成千上万只眼睛。

5

9月8日 6:30
20～24 摄氏度
多云

花上的露珠，晶莹剔透，就像花朵上供奉着的宝珠。

6

9月9日 6:30
20～23 摄氏度
多云

露珠在绿叶上摇摇欲坠。

7

吐水现象：晚上叶片上的气孔一般是关闭的，水从叶片上散发的量减少，而土壤中湿度大，植物根系仍强烈地吸水，造成植物体内水分吸入量大于蒸发消耗量，造成水从叶尖或叶子边缘的水孔排出，形成水珠。

吐水现象与露珠不同，一个是叶片吐出来的水珠，另一个是空气中的水蒸气凝结成的水珠。作物生长健壮、根系活力较强，吐水量较多。所以此现象可以作为判断植物长势好坏的依据。

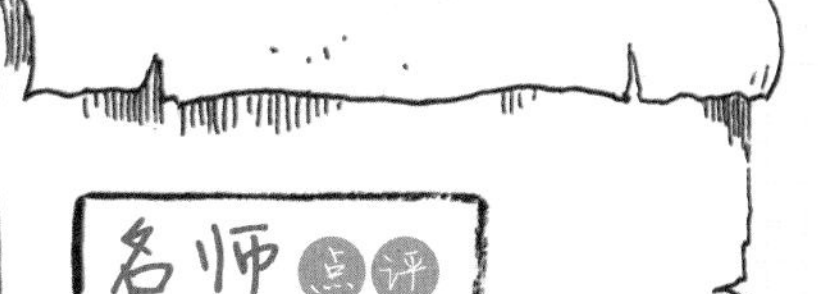

名师点评

笔记中较详细地画出了白露节气时，花上、绿叶上、蜘蛛网上的露珠，栩栩如生，介绍了露珠形成的原因，并与植物“吐水现象”进行了比较，指出了两者的不同。

对于观察笔记来讲，重点是观察细节、过程，最后是结果。用图和文字配合传递科学知识，作者更多的是用图表现了结果，如果在解释原因时增加一些露珠形成的过程图，这样会更加完美。

“吐水现象”可以画出整株植物的剖面图，表现出水分的运输过程，即从根部吸收水分，由导管运输到叶片的水孔，形成水珠。可以采用局部放大的方法，画出植物叶片尖端或边缘的水孔及由水孔渗出的水珠，画出这个过程后能更加清晰地区别出两种现象的不同，露珠是在植物外部形成的，而“吐水现象”是由植物内部形成的。

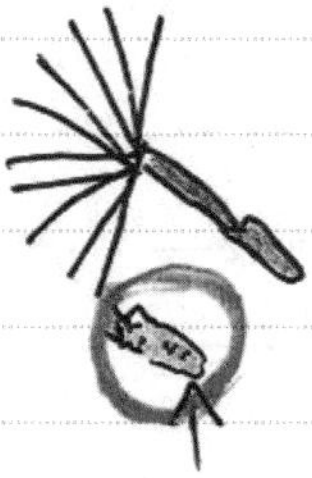

蒲公英

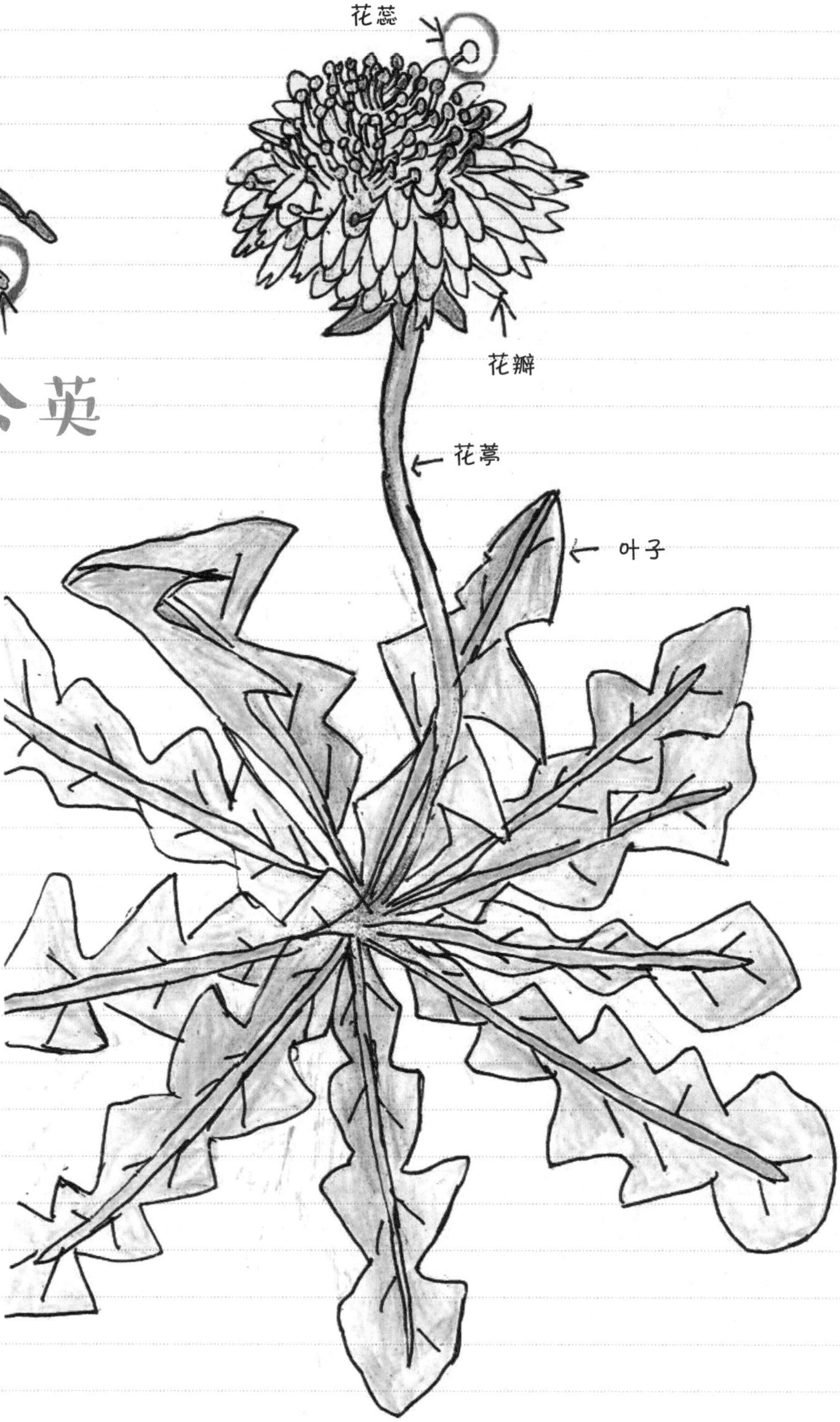

花蕊
花瓣
花葶
叶子

蒲公英又叫“黄花地丁”，整株茎部有白色汁液。

夏天，我在院子里发现了一株蒲公英。它可能是从远方来的吧。我仔细观察它，那些圆圆的小点是花蕊吧。

秋天它已是一朵可爱的小绒球了。它也有了属于自己的孩子。一场大风后它的孩子们便四海为家了，只剩下孤独的自己，也就表示它的时间所剩无几了。它的一生都是为了让“降落伞”飞扬，让它们深深扎根在大地上。

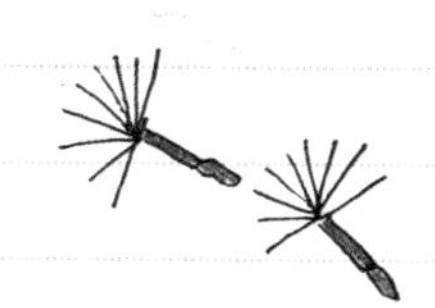

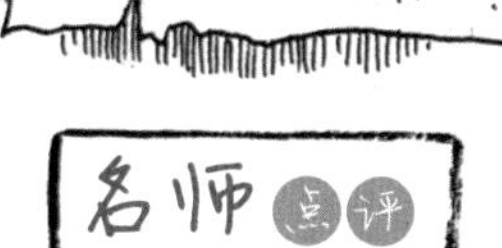

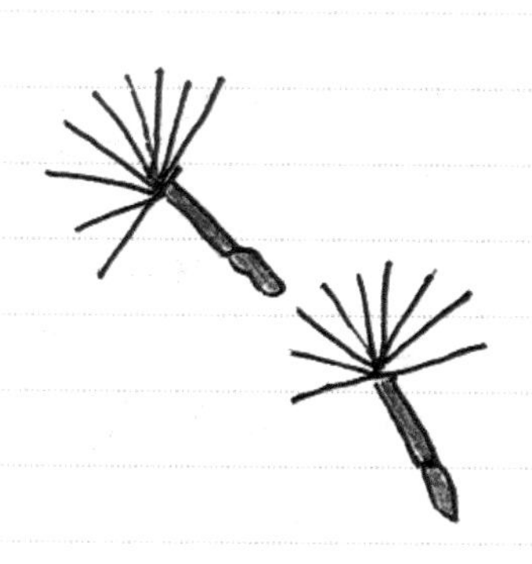

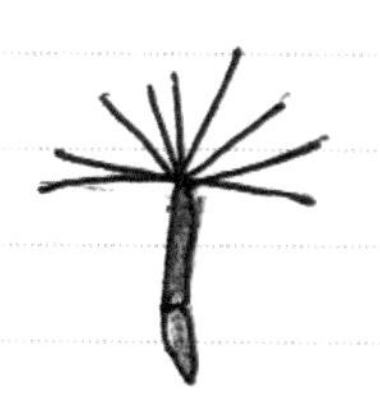

名师点评

小作者夹叙夹议，在介绍蒲公英外部特征的同时，写出了自己的想法和看法。文章最后简短的几句话中，大量使用了比喻和拟人的修辞手法，很有儿童特色。结尾处虽然没有点明，但也是对生命的一种礼赞：也许自己的生命不能延续下去，但是蒲公英通过“穷尽一生”的努力，让后代得以延续，不是很伟大吗！

不过作者并不知道，蒲公英是多年生草本植物，并非种子成熟后“就表示它的时间所剩无几”。文中写的“茎部有白色汁液”也不准确，流出白色汁液的是蒲公英的根部，不是茎部。另外，还提到的“那些圆圆的小点是花蕊吧”，也应该写明是长在哪里，什么样的小点。不论是观察笔记还是观察作文不仅要有文学性，还要有科学性。

9月7日　星期三　雨

妈妈买回几根山药，我发现其中一根顶端长有两个豌豆大小的乳白色的小疙瘩。我仔细观察，原来是“山药妈妈”长出小宝宝了！

山药

9月15日　星期四　晴

中秋节去外婆家打糍粑，回来发现“山药宝宝”长得胖胖的，颜色变深了，样子像海参，还长出六七根白色的嫩根，紧紧拥抱着“山药妈妈”，根上还有白色的细毛毛。

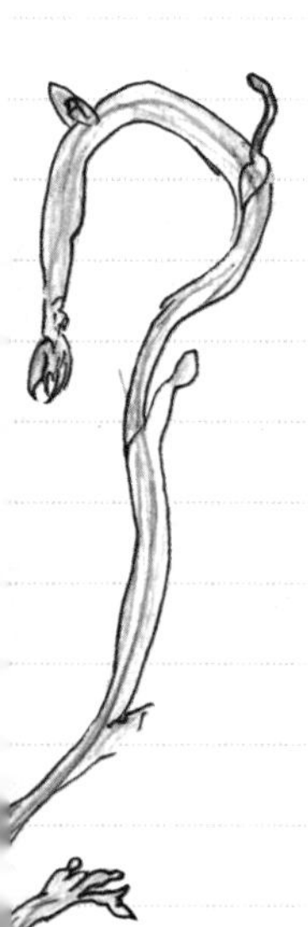

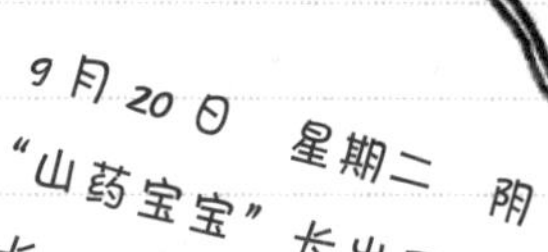

9月20日　星期二　阴

“山药宝宝”长出了紫红色的小芽，有7.8厘米长，我数了数，有三节，顶端的芽很短，有点像红薯的嫩芽，不仔细看还以为是叶呢。

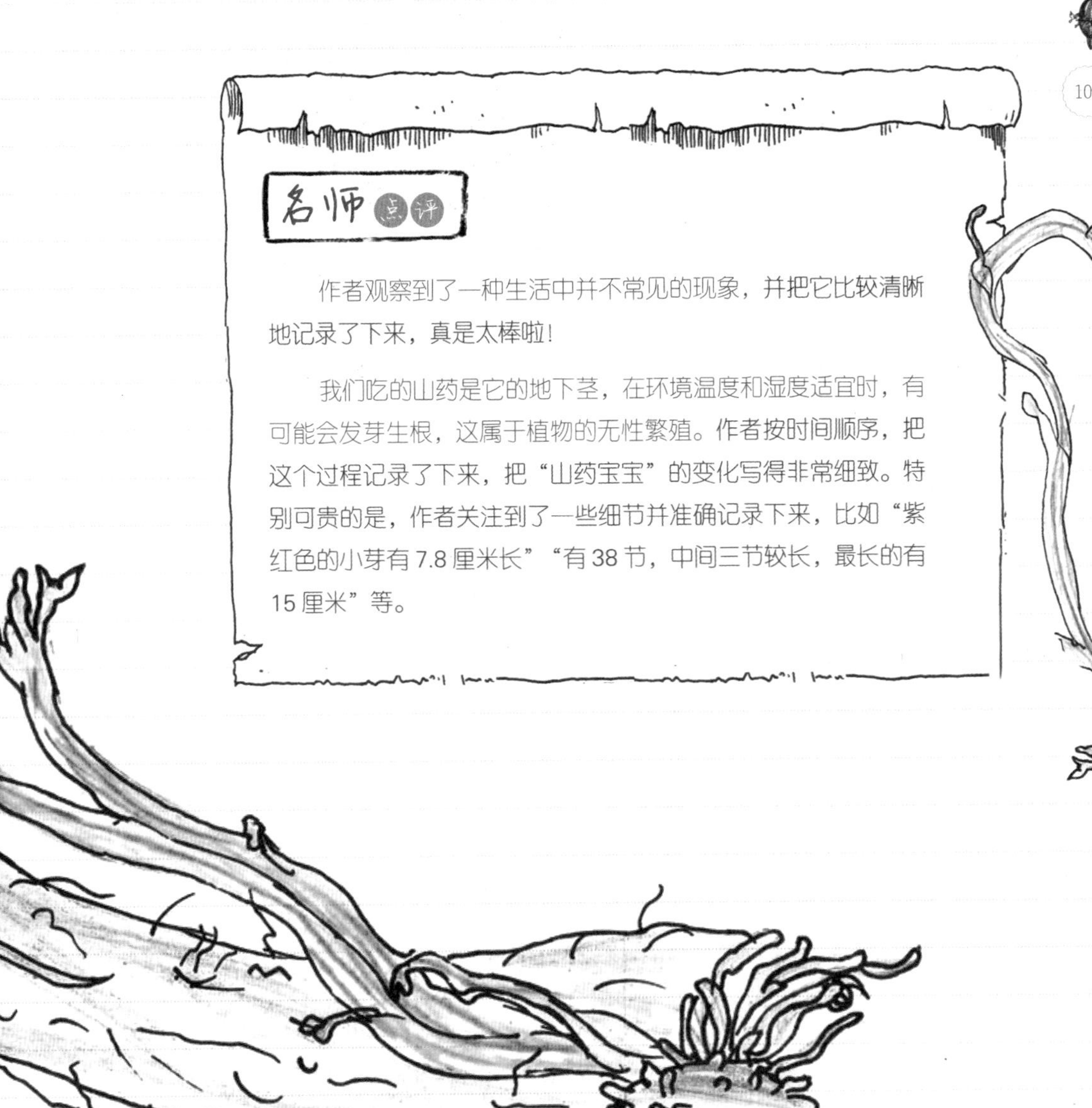

名师点评

作者观察到了一种生活中并不常见的现象，并把它比较清晰地记录了下来，真是太棒啦！

我们吃的山药是它的地下茎，在环境温度和湿度适宜时，有可能会发芽生根，这属于植物的无性繁殖。作者按时间顺序，把这个过程记录了下来，把“山药宝宝”的变化写得非常细致。特别可贵的是，作者关注到了一些细节并准确记录下来，比如“紫红色的小芽有7.8厘米长”“有38节，中间三节较长，最长的有15厘米”等。

10月8日　星期六　雨

“山药宝宝”长出长长的藤蔓了，有38节，中间三节较长，最长的有15厘米，顶端较短，每节都有叶芽，还没长出叶片。我决定把“山药宝宝”种在我家的花坛里。我找来小刀小心翼翼地把它从“山药妈妈”身上切下来，栽进我家的花坛。我希望“山药宝宝”快快长大。

作者关注到了牵牛花花冠颜色的变化，并对变化的原因进行了分析，这是值得提倡的。不过这种分析是否正确还需进一步检验。

首先，牵牛花是耐热、耐旱、喜阳的植物，原产于热带，现在也广植于热带和亚热带地区，理论上应该适应重庆的光照和气温。

其次，牵牛花的颜色取决于花青素的合成。花青素的合成不仅和温度、光照有关，还与酸碱度、糖类的积累以及花的品种有关。

再者，虽然光照强的地区一般以浅色花居多，但是也有些品种的花卉越是光照强花色越深越艳丽，而非变浅，理论上花青素必须在强光下才能产生。

据我分析，作者观察到的牵牛花颜色变浅的现象，可能是土壤呈酸性导致的结果。与北方相比，南方的水土本就偏酸性一些，加之环境的污染，酸雨增多，导致牵牛花颜色变浅甚至变白的可能性就更大了。

当然，我提出的也只是一种可能性，事实必须经过实践检验。建议作者设计几组实验，开展比较研究。

另外，尽管作者重点观察的是牵牛花颜色的变化，对于植物形态的观察和记录也不能马虎。从配图来看，牵牛花的叶片形状、着生方式都不对，特别是作者给每朵花都画出了醒目的雄蕊是不对的，要知道，牵牛花的雄蕊及花柱是内藏的，不是配图中的样子。

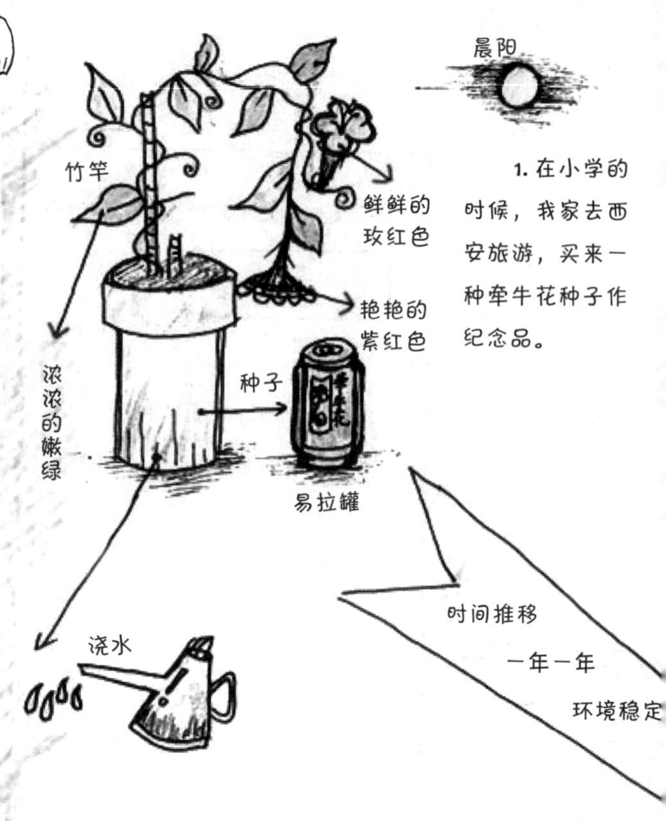

1. 在小学的时候，我家去西安旅游，买来一种牵牛花种子作纪念品。

2. 我歪打正着地把它放在了阳光处栽种，终于发芽了，一寸一寸地生长着。在号称“四大火炉”之一的重庆，终于开放了本在寒冷北方开的花。

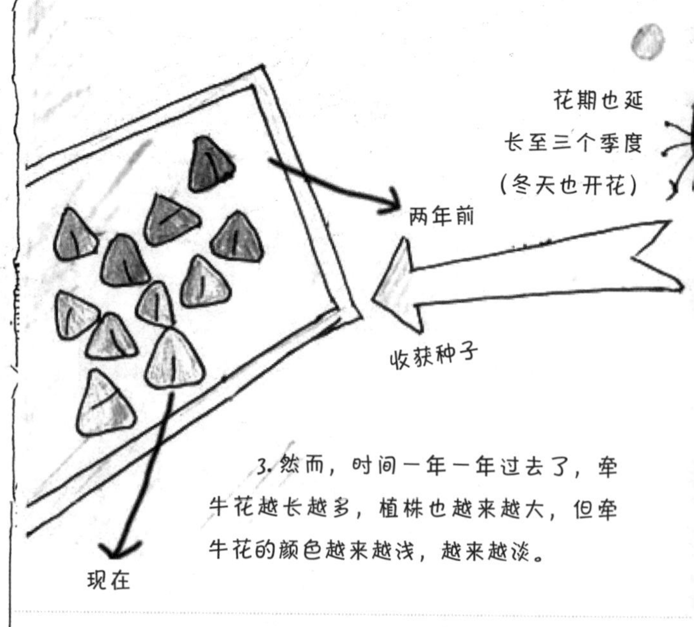

3. 然而，时间一年一年过去了，牵牛花越长越多，植株也越来越大，但牵牛花的颜色越来越浅，越来越淡。

牵牛花的颜色

根据相应生物知识，我初步研究得出：牵牛花因为环境气候变化，退化了，易吸热的深色外观发生了适应性变化，颜色变浅，减少吸收热量！

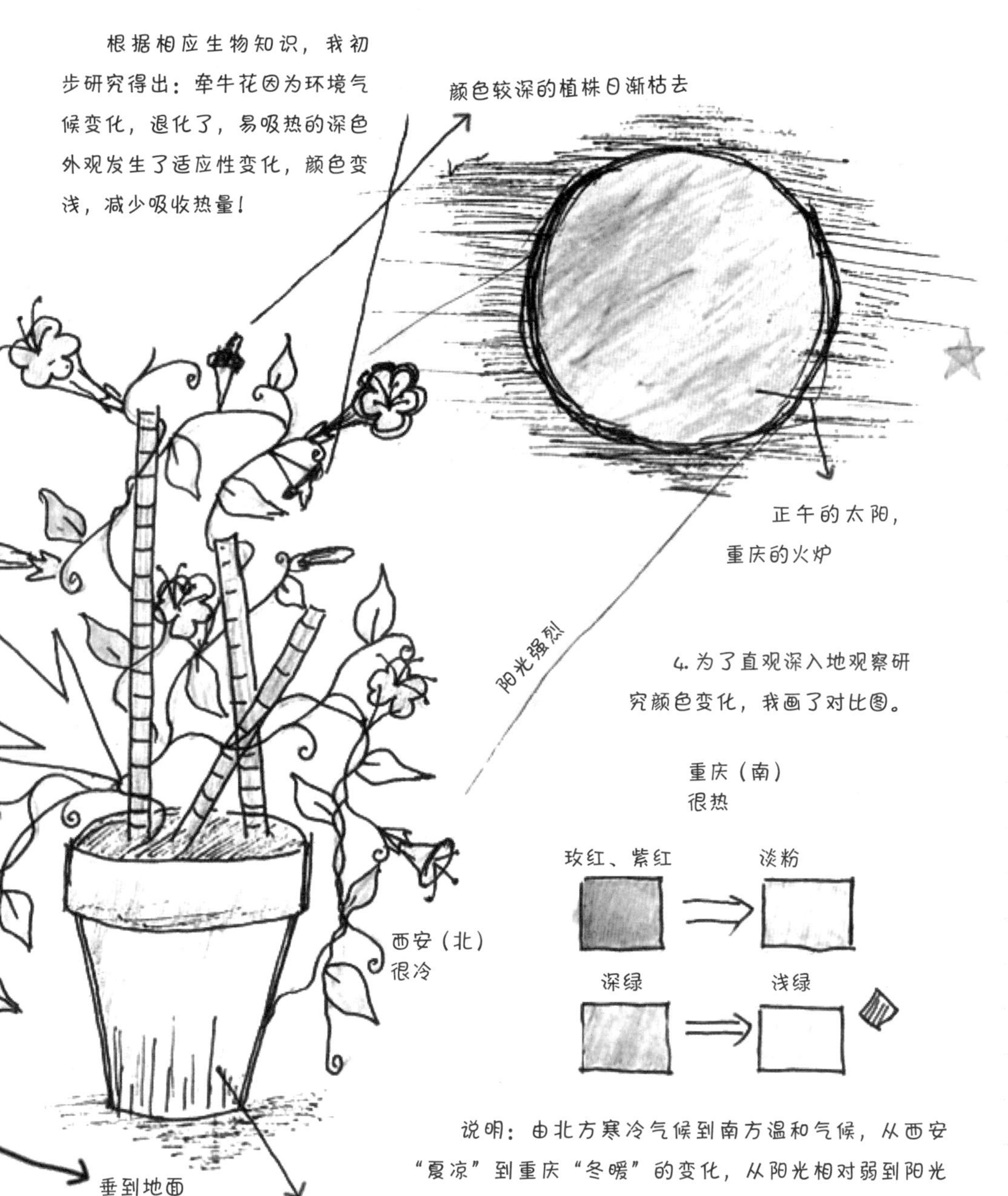

4. 为了直观深入地观察研究颜色变化，我画了对比图。

重庆（南）
很热

玫红、紫红 ⟹ 淡粉

深绿 ⟹ 浅绿

说明：由北方寒冷气候到南方温和气候，从西安“夏凉”到重庆“冬暖”的变化，从阳光相对弱到阳光强烈。

分析：在烈日炙烤下深色花朵普遍枯掉，而浅色植株被优选并且存活下来，它们通过避免吸收过多热量的生存方法延续后代。

青青“艾心”（一）

这种不起眼的小草是“清明菜”，又叫鼠曲草、黄花白艾、田艾等，我们当地人称它为“艾”。

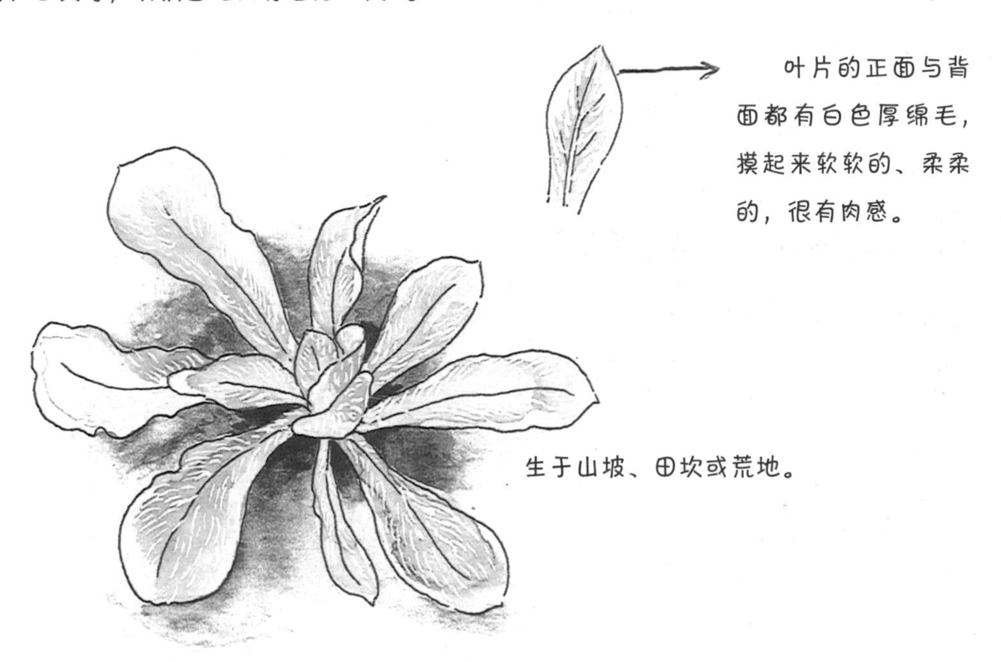

叶片的正面与背面都有白色厚绵毛，摸起来软软的、柔柔的，很有肉感。

生于山坡、田坎或荒地。

一年生草本，茎直立或基部发出的枝下部斜升，基部径约3毫米，上部不分枝，有沟纹。叶无柄，匙状倒披针形或成倒卵状匙形，顶端圆。

时间：4月4日（清明）

地点：郊外乡村路边

天气：小雨转阴

“清明正是三月春，桃红柳绿百草青；秋千荡起笑声落，黄花青果争上坟。”清明是我国的二十四个传统节气之一，此时也正是天气清和景明、草木繁茂的时候。

清明这一天，我们全家到乡下祭祖，一路下着蒙蒙细雨，快到目的地时，一大片鲜艳的黄色小花映入了我们的眼帘，我和妈妈赶紧跑上前去。低头细看，原来是一种开着黄花的小草，嫩绿的叶子还托着一颗颗晶莹剔透的水珠，美极了！

头状花序多数顶生成伞房状，总苞球状钟形，总苞片3层，金黄色；花管状黄色；周围雌花，中央为两性花。

名师点评

这是一篇以文字见长的观察笔记。语言清新流畅，情感自然真切，显示了作者较好的文学功底。对清明菜的描述也比较准确，看得出，作者除了认真观察以外，也查阅了相关文献资料。需要说明一下，清明菜是一年生或两年生草本植物，与艾是两种不同的植物。

图中对清明菜的花和叶的描绘也比较准确，如果再具体些就更好的。比如植株的高度、叶片的长和宽、花朵的直径等，可以给出数据。

“艾”其实就是清明菜！

正当我和妈妈看得仔细时，奶奶又走了过来看了看说：“咦，这不是‘艾’吗？我们摘些回去做清明粑吧！”于是我们便摘起“艾”来。

清明粑的制作方法：

（1）将清明菜用开水煮熟，这时嫩绿的清明菜变成了深绿色。

（2）将煮熟的清明菜剁成菜泥。

（3）将清明菜泥和入糯米粉中，并加入红糖、白糖，使劲揉，直至和均匀。

（4）将和好的大粑团，搓成一个一个的小粑团，并用粽竹叶包裹起来。

（5）最后将小粑团放进锅里蒸熟。

美味的家乡小吃诞生了！

青青“艾心”（二）

清明前后是“艾”生长的茂盛期，所以“艾”又叫清明菜。清明菜不但可以食用还有药用价值，主要是化痰止咳，它味甘性平。用它制作的清明粑，又叫“青团”，是清明节重要的节令食物和名小吃，也是我们祭奠亲人的供品。

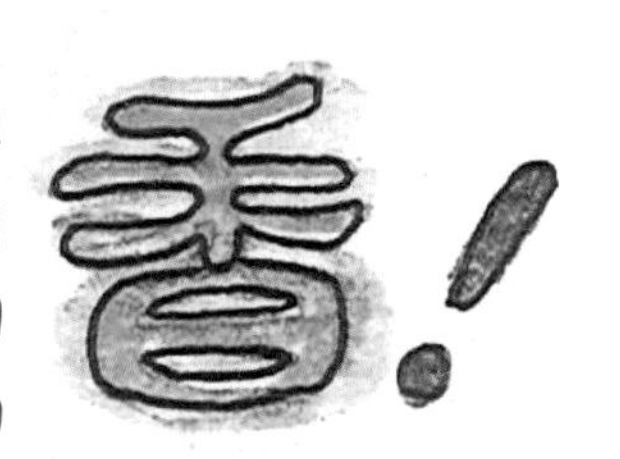

吃着那甜甜的清明粑，看着窗外的蒙蒙细雨，我仿佛又看到了那一大片一大片开着小花的“艾”草，青青的，金灿灿的，真美呀！

在一个阳光明媚的下午，我看见我家院子里的无花果上面有一只可爱的小蜜蜂。我在那里静静地观察着，突然我看见它在往无花果里面钻，我觉得很是奇怪，蜜蜂为什么会到无花果里面去呢？

难道蜜蜂不采蜜，而是吃果实？还是说无花果里面有什么我不知道的东西？我怀着好奇心，心疼地摘了一个果实，将它切开，里面的东西让我震惊了。这么多一粒粒的东西好像一朵一朵的小花朵，难道它是花吗？可是它不是叫无花果吗？我怀着这样的疑惑去网上搜索了一下，竟然发现，原来无花果也是有花的，只是它的花在果实里面。这一次我的收获可真多！

无花果的花

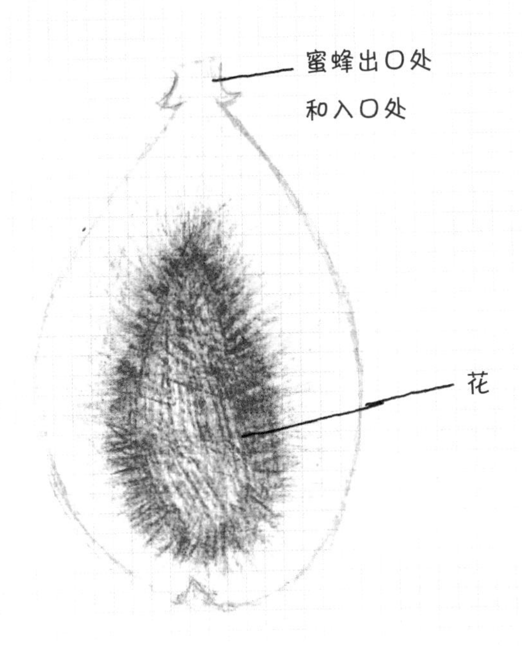

作者选题很好，无花果其名的由来，正是很多人以为它没有花。因此题目叫作“无花果的花”，还是很吸引人的。

作者经历了一个简化的探究过程，由蜜蜂钻入无花果产生疑问，通过解剖无花果发现了内部有花存在，又通过查阅资料了解了真相——无花果其实有花，层次比较清楚，结构比较完整。

不足之处在于对无花果内、外部结构特征的描述不够清楚，特别是对无花果花的描写，应该是观察和记录的重点，但是文章却一笔带过，而且没有画出它的形态特征。作为自然观察笔记，这方面是必须加强的。另外，还要注意科学性：钻入无花果的不是蜜蜂，无花果的花也不是在果实里面，而是在花托（花序）里面。这些科学性的问题在查阅资料的时候都能够解决。

无花果

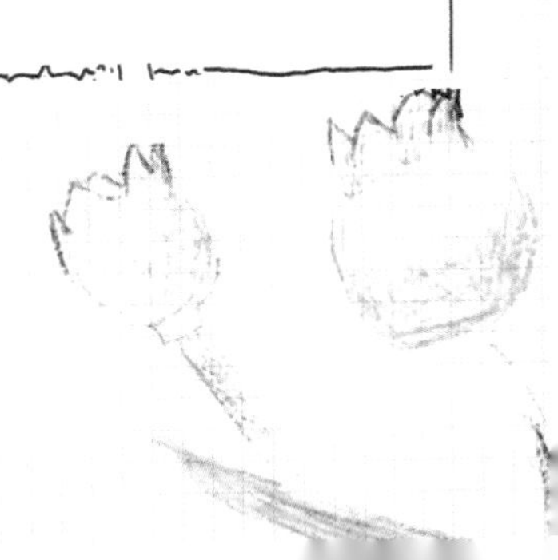

动物篇

现象观察

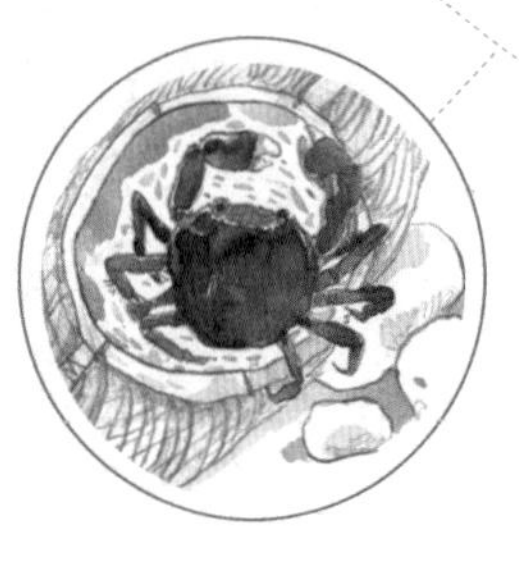

池塘边的悄悄话（一）

时间：7月7日　小暑
地点：公园池塘边
天气：晴

清脆的鸟鸣声打破了这个池塘的安宁，池塘里，又将是充满了生机的一天！瞧，大家正向你打招呼呢！

大大的钳足像剪刀，有力地一张一合。

我们又见面了，想必是吃货的朋友都认识我，没错，我便是大名鼎鼎的小龙虾！

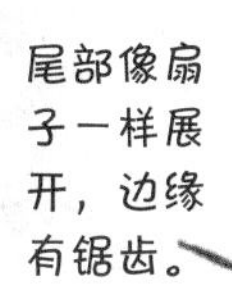

尾部像扇子一样展开，边缘有锯齿。

我的学名叫克氏原螯虾，我的身体呈褐红色，额头上有尖锐的角，还有两对触角。我的头部和胸部是圆柱形，尾巴像扇子一样展开。我有5对足，包括1对钳足。

我们的钳足既是我们的防御武器，又是我们的进食工具。它的大小还象征我们在虾群中地位的高低。看，我像不像威严的大将军！

我生活在洁净的水中，水质干净到人们可以直接饮用的程度！

你好！我可能比你还高呢！我是鸟儿的庇护所，我的种子可是饥荒时的“大米”呢！

我也想尝尝

茭白

我在韩国人口中有个外号，叫“颤颤草”，我的叶常被用作编草垫！

香蒲

大家好，我的小名叫水芙蓉，身高可达1~2米，开放在7~8月，我与睡莲还是姐妹！我知道，荷花谢了，莲蓬中的莲子去皮后可食用，还能入药。

荷花

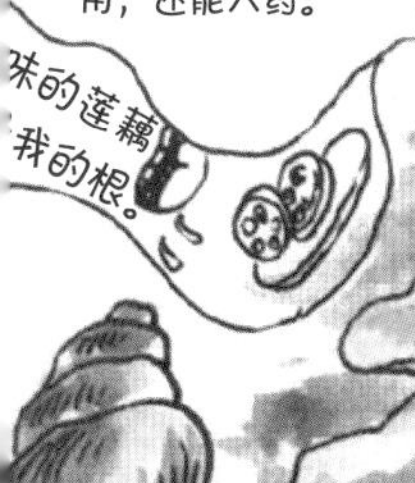

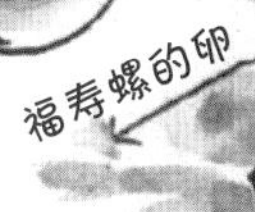

福寿螺的卵

田字萍

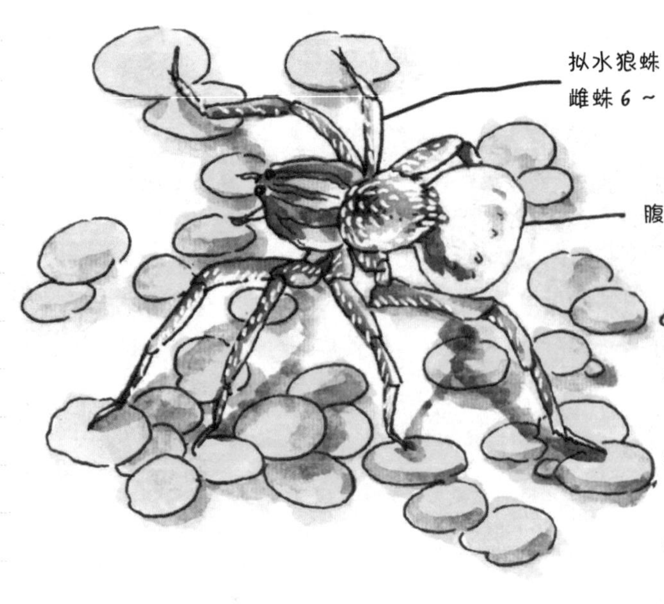

人们把我称为水田里的土地爷
我捕害虫，吃飞虱、叶蝉、飞蛾，
利于庄稼的益虫。

我身体呈深褐色或黄褐色，头
部有V形花纹，腹部生有很多白毛
在我的肚子下面有一个白色的
球，那是我的卵袋，袋里约有50
卵，它们非常脆弱，需要我的保护
你们别来惹我哟！

我是雨久花科一年生草本植物，除了叫“水葫芦”以外，还有一个好听的名字叫“鱼鳔玉簪”。鱼因为有鱼鳔才能够浮在水中，同样的道理，我也因为有气囊而能够浮游在水上。

我的兄弟姐妹越多，水质就会越差，同时也会受到人类的抛弃。

我在土地裂缝间筑巢。

你们看见了吗？裂缝间的白色网状部分便是我吐的丝结的网。

池塘边的悄悄话（二）

池塘的另一侧，也热闹极了，原来是一个蚂蚁家族围攻一只刚蜕壳的蝉。一只只小蚂蚁面对自己体形几百倍的蝉，显得毫不畏惧，而蝉面临着第一次蜕变，是那么欣喜，然而这时的自己也最脆弱，面对蚂蚁们的袭击毫无反抗力，只能等候生命的终结。

蚂蚁们摩拳擦掌，蜂拥上前，不一会儿，这只蝉便停止了呼吸。蚂蚁们把战利品抬回了巢。

蚂蚁的这种团结精神令我想起一句话“人心齐，泰山移”。同时，蝉的离世也让我感受到生命的脆弱。让我们在有限的生命里感受生命的可贵吧！

发现之旅（一）

时间：8月25日　天气：晴

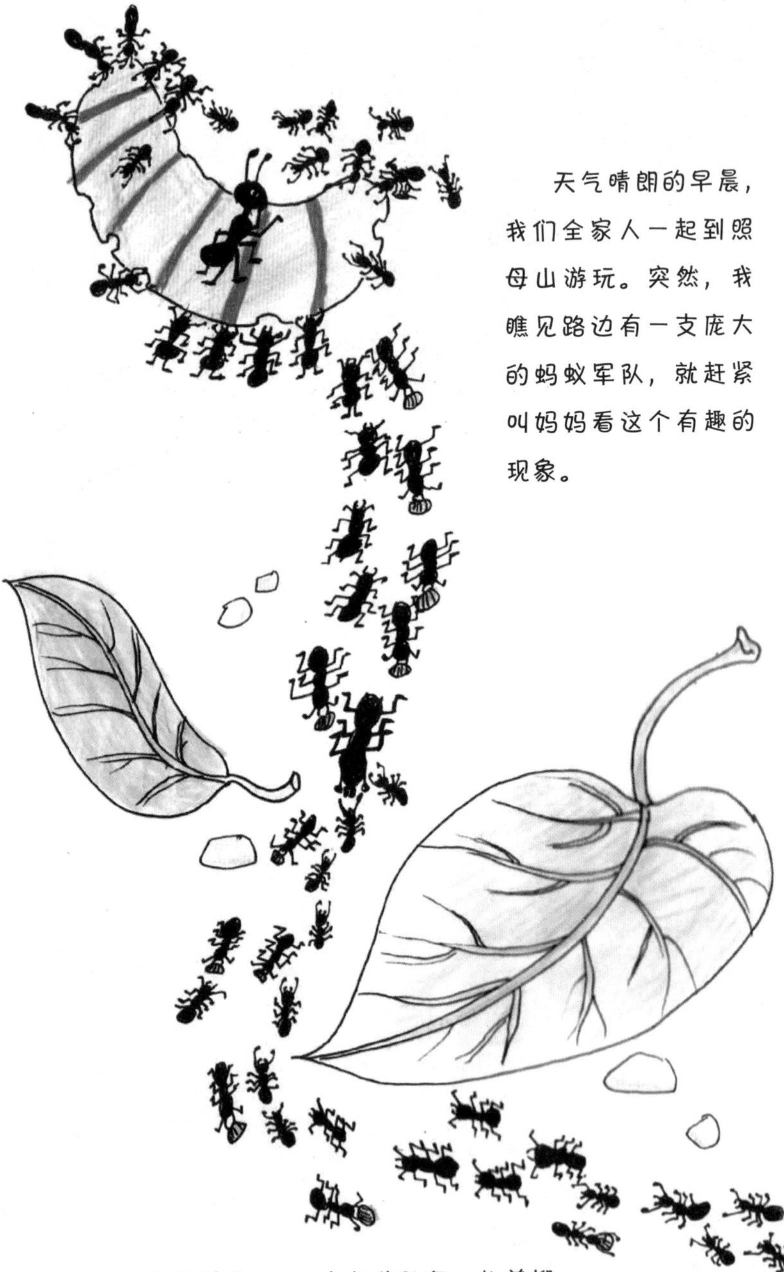

天气晴朗的早晨，我们全家人一起到照母山游玩。突然，我瞧见路边有一支庞大的蚂蚁军队，就赶紧叫妈妈看这个有趣的现象。

只见它们排着约5～6米长的队伍，忙着搬一颗橙色的软糖，像一条黑色的细蛇在地上爬行。

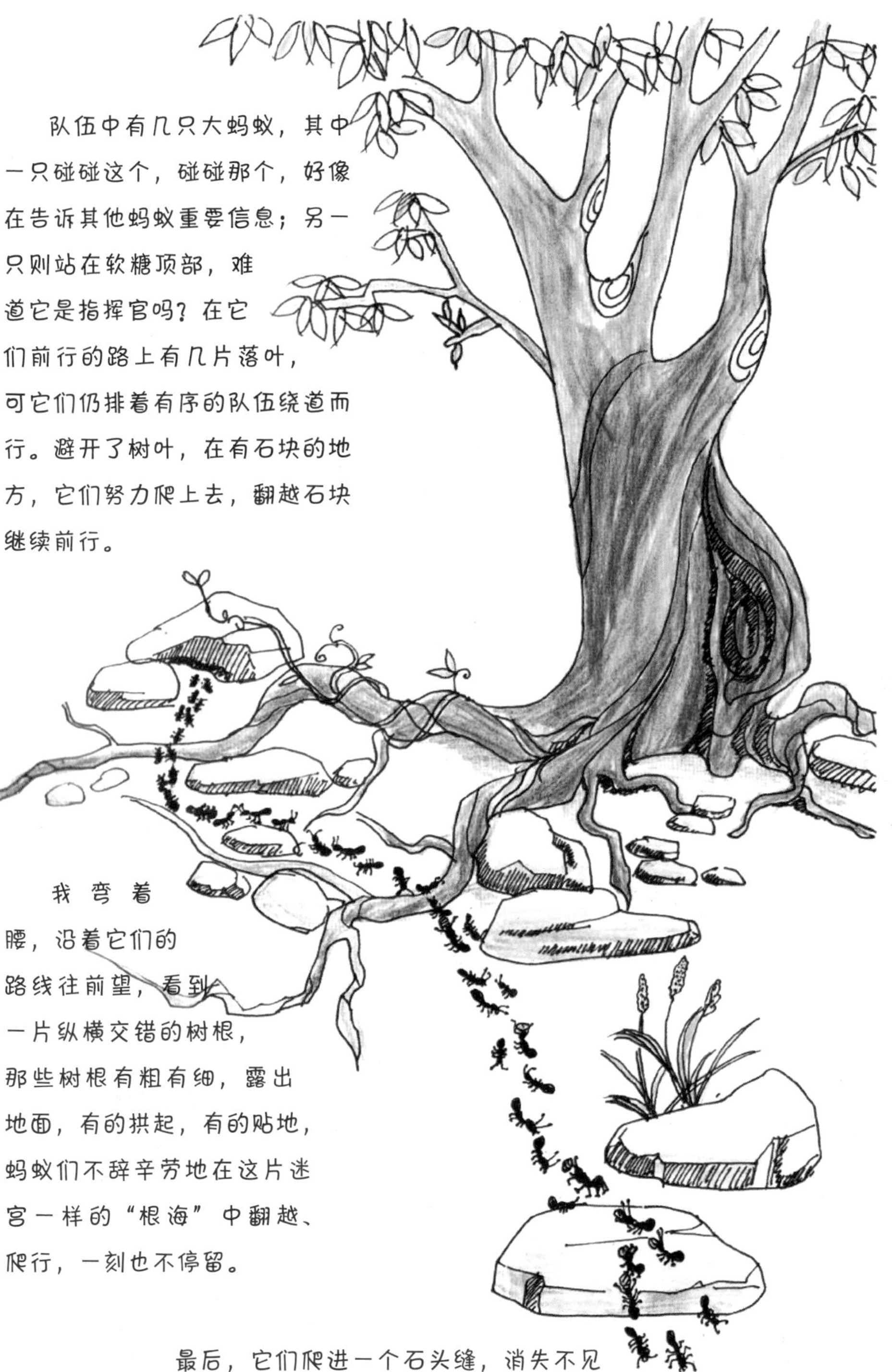

队伍中有几只大蚂蚁，其中一只碰碰这个，碰碰那个，好像在告诉其他蚂蚁重要信息；另一只则站在软糖顶部，难道它是指挥官吗？在它们前行的路上有几片落叶，可它们仍排着有序的队伍绕道而行。避开了树叶，在有石块的地方，它们努力爬上去，翻越石块继续前行。

我弯着腰，沿着它们的路线往前望，看到一片纵横交错的树根，那些树根有粗有细，露出地面，有的拱起，有的贴地，蚂蚁们不辞辛劳地在这片迷宫一样的“根海”中翻越、爬行，一刻也不停留。

最后，它们爬进一个石头缝，消失不见了。我猜这里一定就是它们的家吧，可是它们的家究竟长什么样子呢？

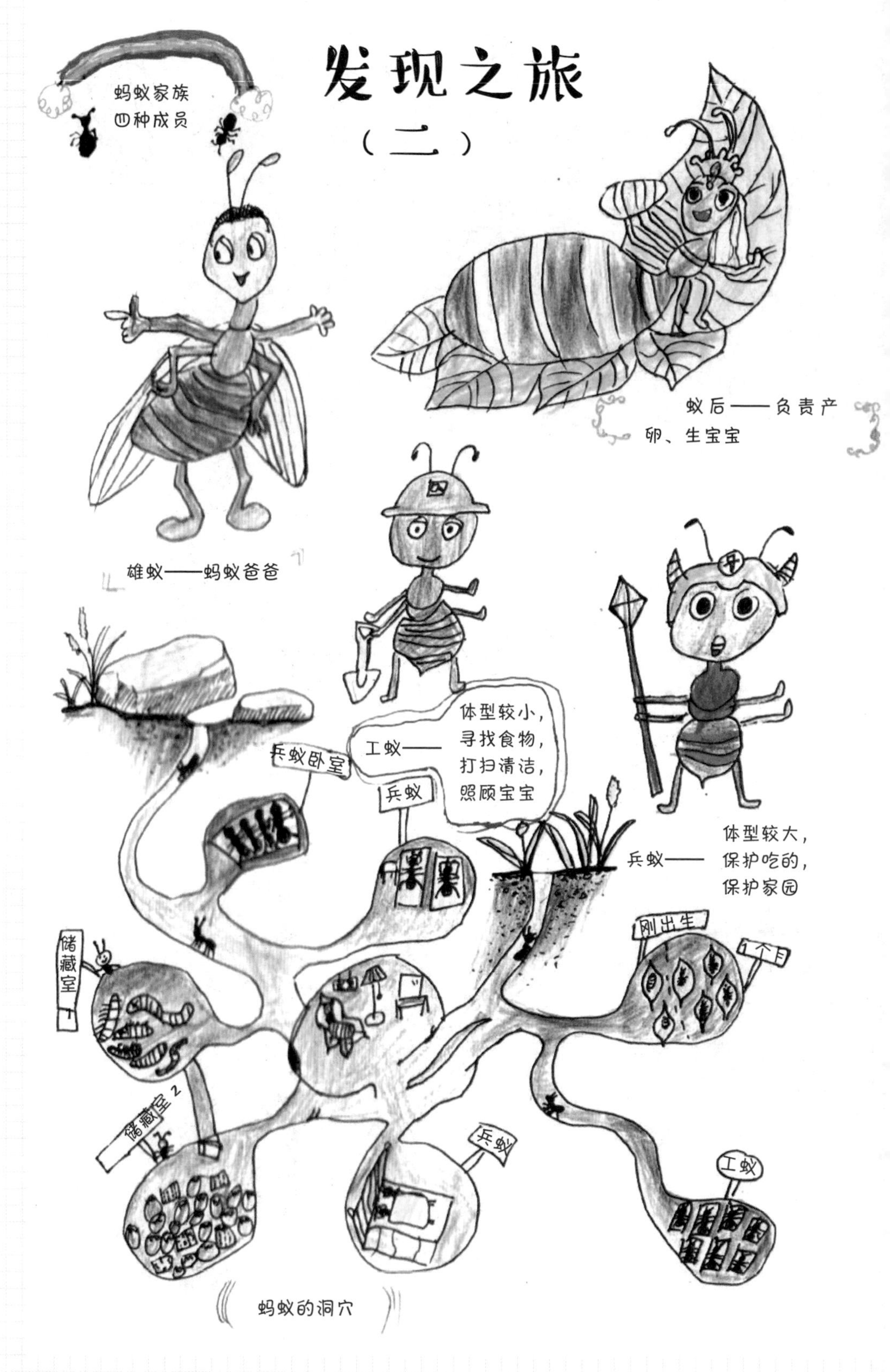
发现之旅
（二）
蚂蚁家族
四种成员
蚁后——负责产卵、生宝宝
雄蚁——蚂蚁爸爸
工蚁——
体型较小，
寻找食物，
打扫清洁，
照顾宝宝
兵蚁——
体型较大，
保护吃的，
保护家园
兵蚁卧室
兵蚁
储藏室
储藏室2
刚出生
1个月
兵蚁
工蚁
蚂蚁的洞穴

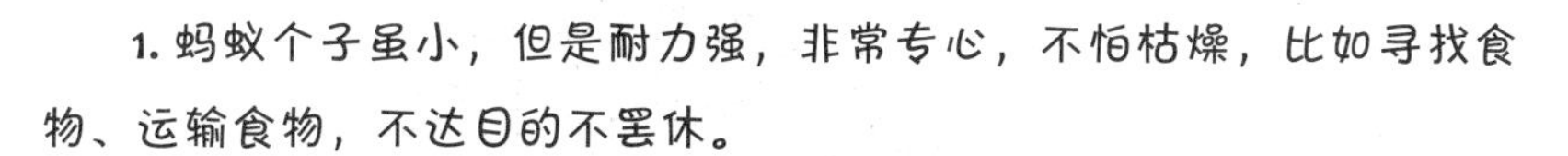

1. 蚂蚁个子虽小，但是耐力强，非常专心，不怕枯燥，比如寻找食物、运输食物，不达目的不罢休。

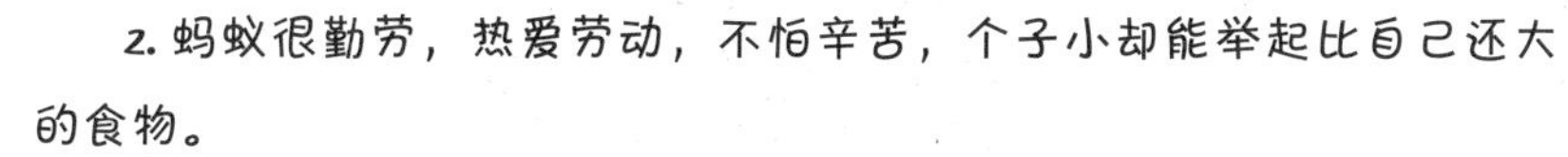

2. 蚂蚁很勤劳，热爱劳动，不怕辛苦，个子小却能举起比自己还大的食物。

3. 一只蚂蚁的力量是有限的，但它们非常团结，齐心协力，大家共同努力做一件事情，就会做得很好！

4. 蚂蚁有奉献精神，帮助照顾蚁后和宝宝，打扫房间，寻找食物，非常有爱。

5. 它们懂得做计划，为了过冬有足够的粮食，会做提前准备，并且分工明确，各自为自己的目标努力。

6. 它们爱交流，互相沟通，及时传递信息。

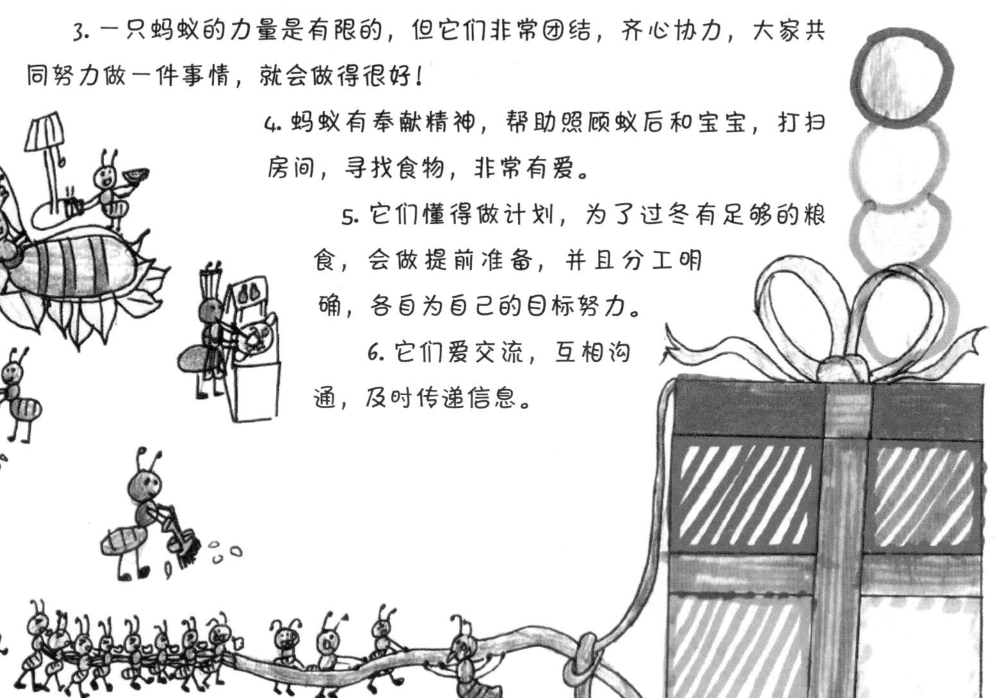

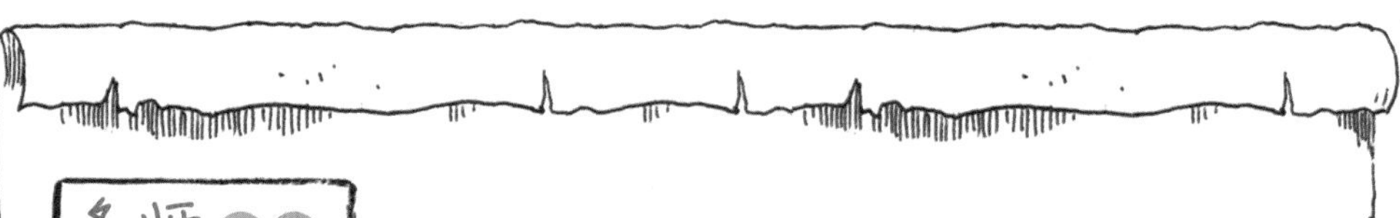

名师点评

作者图文并茂，记录了蚂蚁搬运软糖的过程，通过查阅资料，介绍了蚂蚁的分工和巢穴的构造，插图采取漫画的形式，非常生动。

蚂蚁是蚁科动物的统称，种类非常多，但不知道作者观察的是哪一种，因为无论是文字还是图都没有详细描绘出这种蚂蚁的特征。

作者拟人化、漫画式的绘画风格非常适合大众，特别是儿童的审美，不过还是应该在此基础上注意科学性。比如，蚂蚁的三对足都长在胸部，而插图中有很多把最后一对足画在了腹部。

蚂蚁的巢穴也是很讲究的。一般而言，蚁后住在最里面，这样会更安全一些；储藏室会在比较高的位置上，这样会更干燥一些，有利于食物的储存。

蝴蝶产卵

蝴蝶产卵

时间：8月9日

天气：晴

地点：后山坡

偶然，在田间散步的我看见了一只美丽的蝴蝶，它趴在一棵树的树叶上一动不动，似乎在沉思着什么；又似乎观察着什么；又似乎在……我觉得十分有趣，便俯下身子观察了起来。

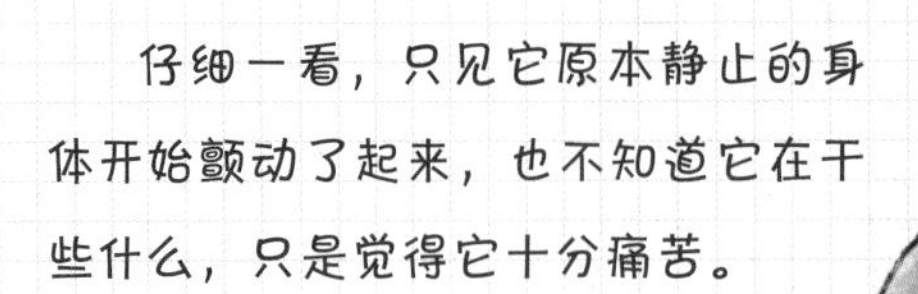

仔细一看，只见它原本静止的身体开始颤动了起来，也不知道它在干些什么，只是觉得它十分痛苦。

过了一会儿，它停止了颤动，像蜻蜓点水似的用尾部点击着叶面，点过的地方，就留下了一枚小小的颗粒。原来它在产卵啊！它产了三枚，停留了一会儿，飞走了。

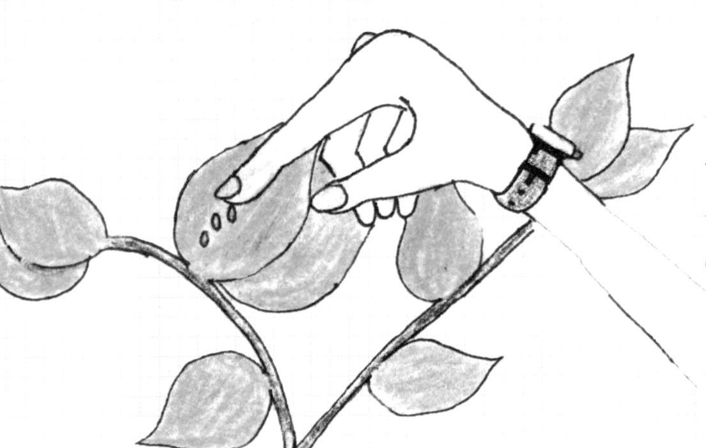

我伸出手，摸了摸那淡黄色的卵，哈！硬硬的，像个缩小版的小石子。这么硬，小毛毛虫怎么出来呢？不过，今天好幸运！看到了蝴蝶产卵的全过程，大自然真有趣！

名师点评

蝴蝶常见，蝴蝶产卵不常见。作者能够观察到这个奇妙的过程，相当幸运，这也与他热爱自然，注意观察有关。

作者夹叙夹议，生动地展现了蝴蝶产卵的过程。通过对蝴蝶细微的动作描写，让我们了解了蝴蝶产卵时特殊的状态。无论是观察还是描写，都比较细致，作者一系列的想象，也很有儿童特点。

作者对蝴蝶形态特征的描写，不如对动作描写那么细致。蝴蝶的大小、翅膀的颜色以及花纹等，都是判断它的种类的重要信息，不能仅仅用“美丽”一词完全取代。

6月5日　芒种　晴

夏日炎炎，傍晚的池塘边上，只有蜻蜓在飞舞，轻巧的身体在水面一点而过，俗称“蜻蜓点水”。

竖眉赤蜻

这是一个产卵的过程，点水时蜻蜓用产卵器将受精卵一颗颗分布到水中，附在水草上，不久便会孵出幼虫。

有的雄蜻蜓会飞到雌蜻蜓上方，用尾巴勾住雌蜻蜓头部，帮助它产卵。

蜻蜓点水

名师点评

作者介绍了“蜻蜓点水”这一现象，实际是蜻蜓在产卵，图画得栩栩如生，蜻蜓产卵的过程介绍得也很清晰。

此篇笔记的题目是“竖眉赤蜻”，但文中并没有竖眉赤蜻的相关特点介绍，从画面上也无法判断出这是什么种类的蜻蜓。赤蜻的种类有几十种，它们的尺寸、外观、部位颜色等特征都不是十分明显，即使是同种赤蜻，成熟度不同，区域不同，外观也有差异，也不容易辨识，因此，想要准确判断蜻蜓的种类还需要同学们不断的学习和观察。

对于蜜蜂，大家一定非常熟悉了。它们有着黑黄相间的警戒色，让你要敬而远之。不过，在野外并不是所有带着警戒色的“蜜蜂”都要敬而远之。因为，它们不是蜜蜂，没有螫（shì）针，它只是与蜜蜂买了同颜色的马甲而已，你知道它们是什么吗？它们就是——食蚜蝇。

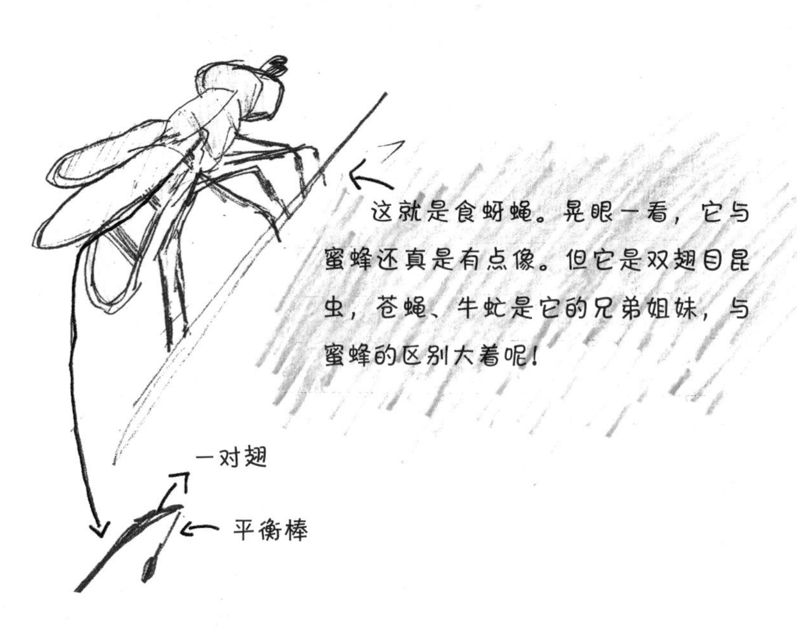

这就是食蚜蝇。晃眼一看，它与蜜蜂还真是有点像。但它是双翅目昆虫，苍蝇、牛虻是它的兄弟姐妹，与蜜蜂的区别大着呢！

蜜蜂与食蚜蝇的区别：

1. 蜜蜂的触角是屈膝状的，食蚜蝇则为芒状；

2. 蜜蜂后腿粗大，食蚜蝇后腿细长；

3. 蜜蜂有两对翅，食蚜蝇只有一对翅，却有一双平衡棒。

食蚜蝇与小蜜蜂

再看看蜜蜂。它的后足粗大，分类上为膜翅目，与黄蜂、熊蜂、胡蜂是一家。

食蚜蝇用生物界的“拟态”来模仿蜜蜂，让天敌以为它有螫针，不好惹。

作者的选题非常好，观察笔记的目的性很强，通过比较，让读者了解蜜蜂、食蚜蝇两种昆虫的差异，以便在看到它们时能够区分。这样的观察笔记是值得提倡的。

对于两种昆虫的区别，作者的介绍非常清晰。美中不足的是作者文字表达能力很强，但画得不够清楚。无论是蜜蜂还是食蚜蝇，整体画得都很粗糙，局部更难以辨认。比如它们的触角、翅膀、复眼都分别是什么样，应该和文字描述对应起来。

神秘刺客——隐翅虫

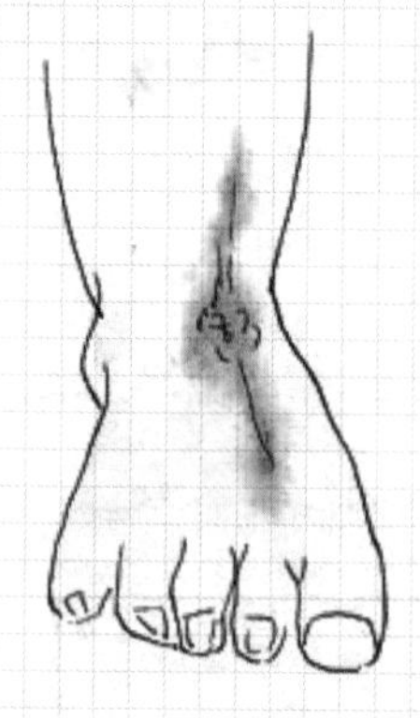

最近，每天早晨起床，寝室里总有几个同学莫名的受伤，不是手上多了几条抓痕，就是脚背或者脖子长出几个晶莹剔透的水泡，红肿一大块。这些无缘无故的伤，让我们寝室笼罩着一层恐慌的阴影，于是，大家决定找出这位——“神秘刺客”。

后来，我们发现寝室来了很多不速之客。经观察，它们形状像白蚁，长 0.5 ~ 1 厘米，身体为橘黄色，头、胸及尾部呈黑色，有透明毒囊。原来，这些“客人”就是把翅藏于前翅之下，因不易察觉而得名的“隐翅虫”。我们询问校医后，发现就是隐翅虫的“毒囊”给大家造成了伤害。

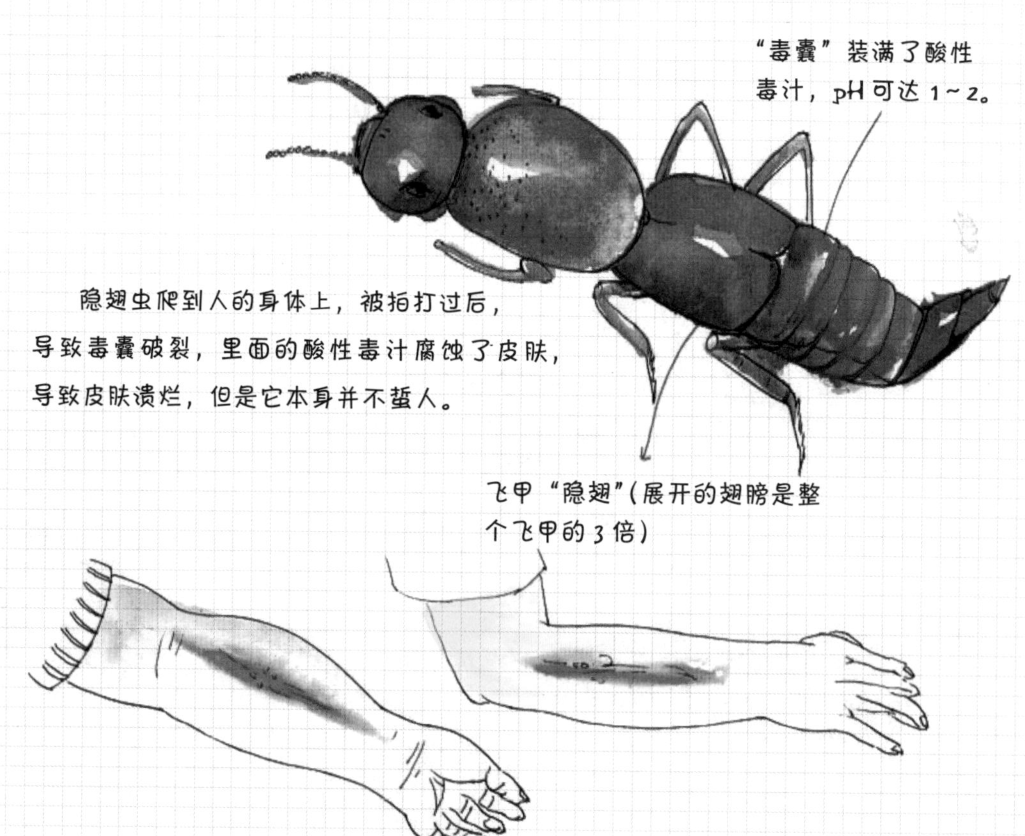

隐翅虫爬到人的身体上，被拍打过后，导致毒囊破裂，里面的酸性毒汁腐蚀了皮肤，导致皮肤溃烂，但是它本身并不蜇人。

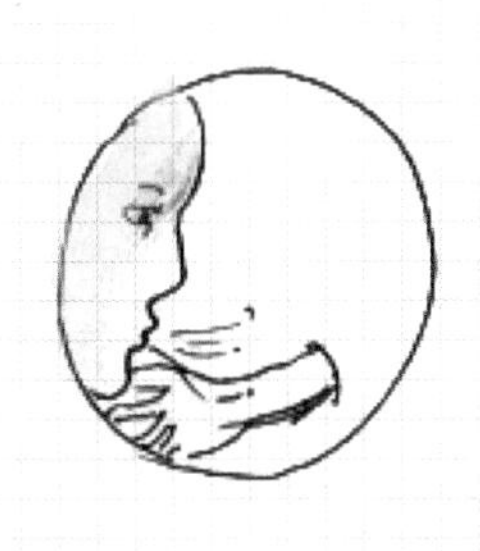

所以，正确有效的防治办法除了图中的几种，还可以选择用纱窗，以及保持室内干燥等。

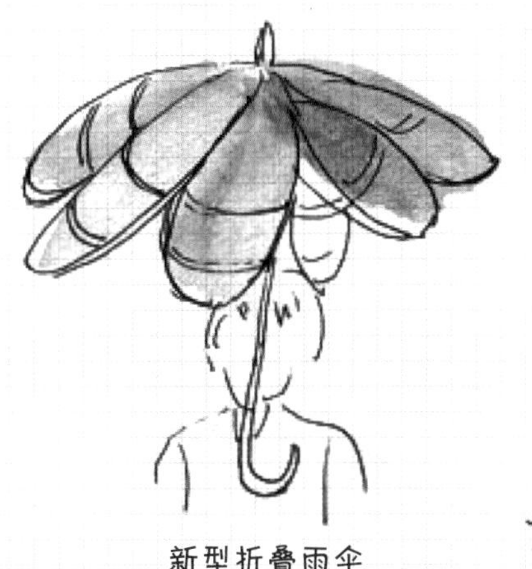

新型折叠雨伞

隐翅虫因独特的“隐翅”结构，也带给了我们科研上的启发，造福了人类。

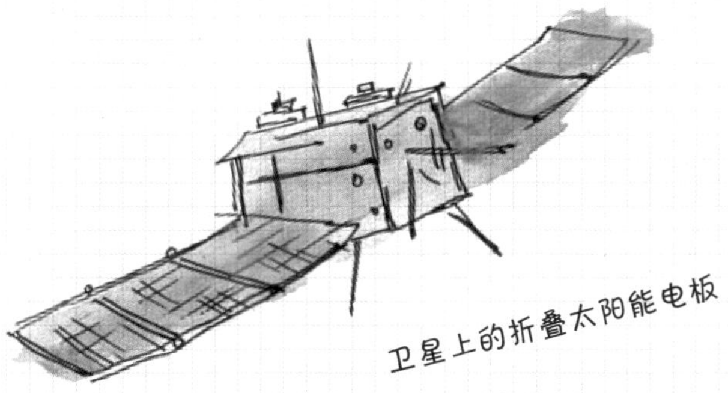

卫星上的折叠太阳能电板

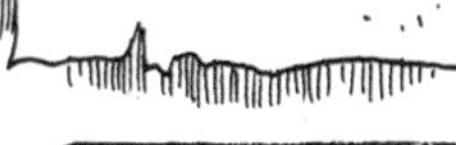

名师点评

这篇笔记的题目很吸引人，激发了读者的兴趣。文章开头点题，像悬疑剧，进一步调动读者的胃口。揭秘后，作者对隐翅虫的形态特征、危害缘由进行了描述，还介绍了防治措施以及对人类的启发，结构比较完整。

作为观察笔记，希望作者观察再细致些，描写再精准些。比如“身体为橘黄色”，这个身体指什么？一般而言，头、胸、腹都算是身体的一部分，这就和后面所说的“头、胸及尾部呈黑色”自相矛盾了。应该说“头、翅和腹尾呈黑色，前胸、腹部及足为橘黄色”就准确了。这里，还要说一下图中的错误，隐翅虫的足位置画得不准确，颜色和文字描述的也不一致，希望再认真观察观察。

蜘蛛

寝室

在寝室偶然见到一两只，寝室中没有发现有织网，这种蜘蛛表面光滑，骨节感很强，猜测它不会织网，只能吃腐烂的昆虫尸体或人类食物。

这不由得让我想起了另一种蜘蛛——家蛛。

对比：

寝室：身体光泽无毛，腿长且不尖，不会结网，毒牙短小。

厕所：身体多毛，屁股吐丝处明显很尖，腿顶部尖，会结网。

总结：不同环境造就不同蜘蛛。

虽然所有蜘蛛都是倒着死的，但家蛛腿长，所以看起来很恶心。

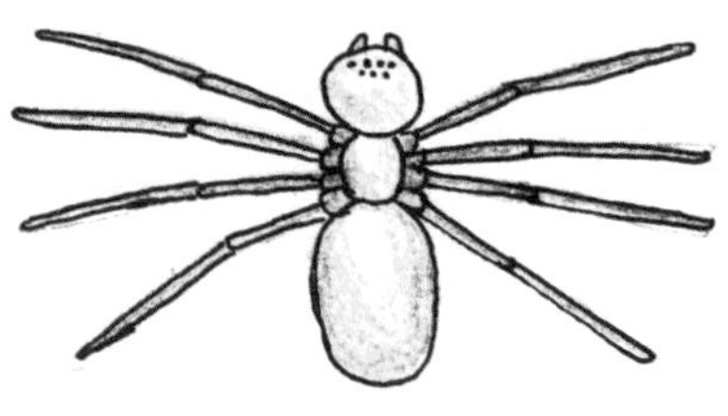

这种蜘蛛不结网，常在家里出现，大小相当于一个苹果，它身小腿长，腿上只有两截，推测它寿命不长。

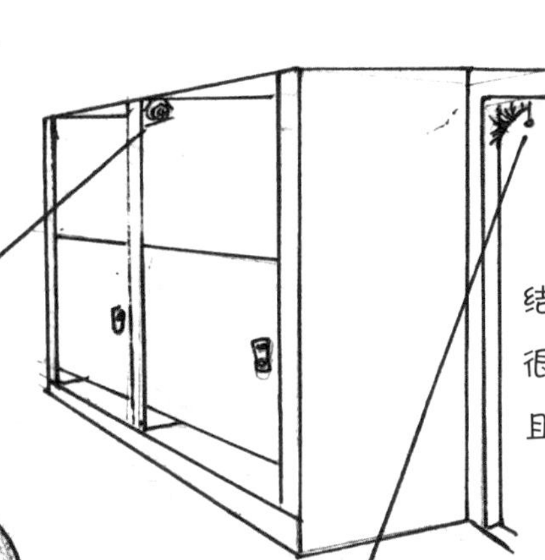

厕所

学校的厕所中有很多，有的悬在半空结网，有的趴在网上“睡觉”，这种蜘蛛很明显以昆虫的血为食，它的身体多毛，且“屁股”很大。

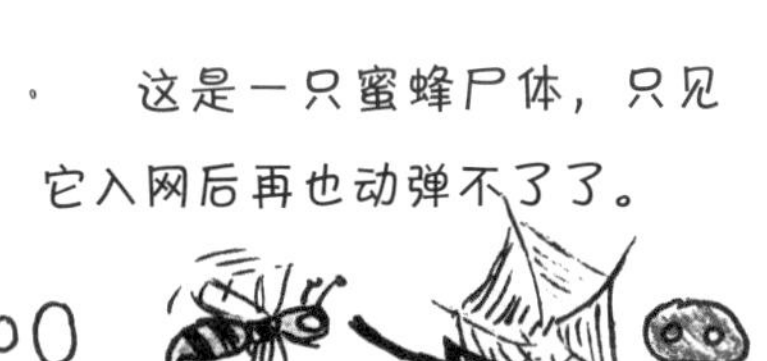

在厕所发现的昆虫尸体证实了我的猜想：蜘蛛织网并等飞虫靠近，在飞虫接触网后就飞不走了。

飞虫撞在网上惊动蜘蛛，蜘蛛吐丝将其包裹，不久，飞虫脱水而死，蜘蛛最后吸干飞虫的血，一场捕食就完成了。

这种形状让我想起了蜘蛛侠……

它靠近“屁股”的一条腿最长（用来织网）。

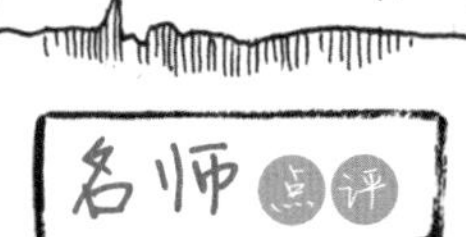

这是一只蜜蜂尸体，只见它入网后再也动弹不了了。

名师点评

作者“不嫌脏，不怕臭”的科学研究精神值得我们学习，特别是从身边常见的事物中去观察，针对观察到的现象有自己的推理分析，说明作者具有爱思考的好习惯。

文章的科学性需要加强，比如作者提到的“屁股”是蜘蛛的“腹部”；再如作者提到蜘蛛“以昆虫的血为食”，其实是蜘蛛先对猎物注入一种特殊的液体——消化酶，这种消化酶能使昆虫昏迷、抽搐，直至死亡，并使昆虫肌体发生液化，昆虫液化后，蜘蛛以吮吸的方式进食，并非吸食血液。

重阳木斑蛾

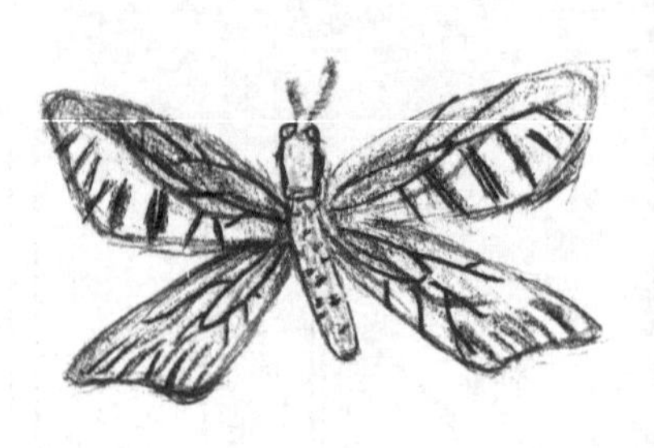

12 月 12 日　阴

我在家门口看到一只刚刚出壳，翅膀还没有完全舒展开的重阳木斑蛾，但这只重阳木斑蛾却坚强地往上爬。我注视着它渐渐离去……

第二天，我又去了那里。一看，我惊呆了！那只重阳木斑蛾展开乌黑发亮，带着一点蓝色鳞片的翅膀，一动不动地在那里站着。

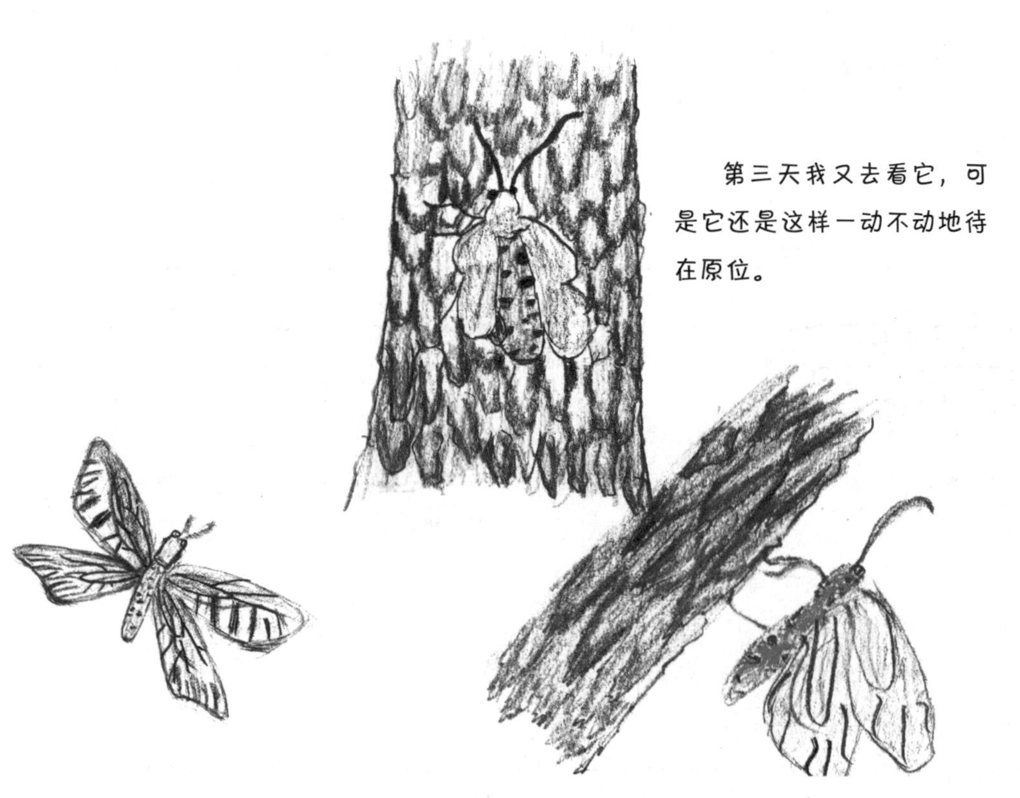

第三天我又去看它，可是它还是这样一动不动地待在原位。

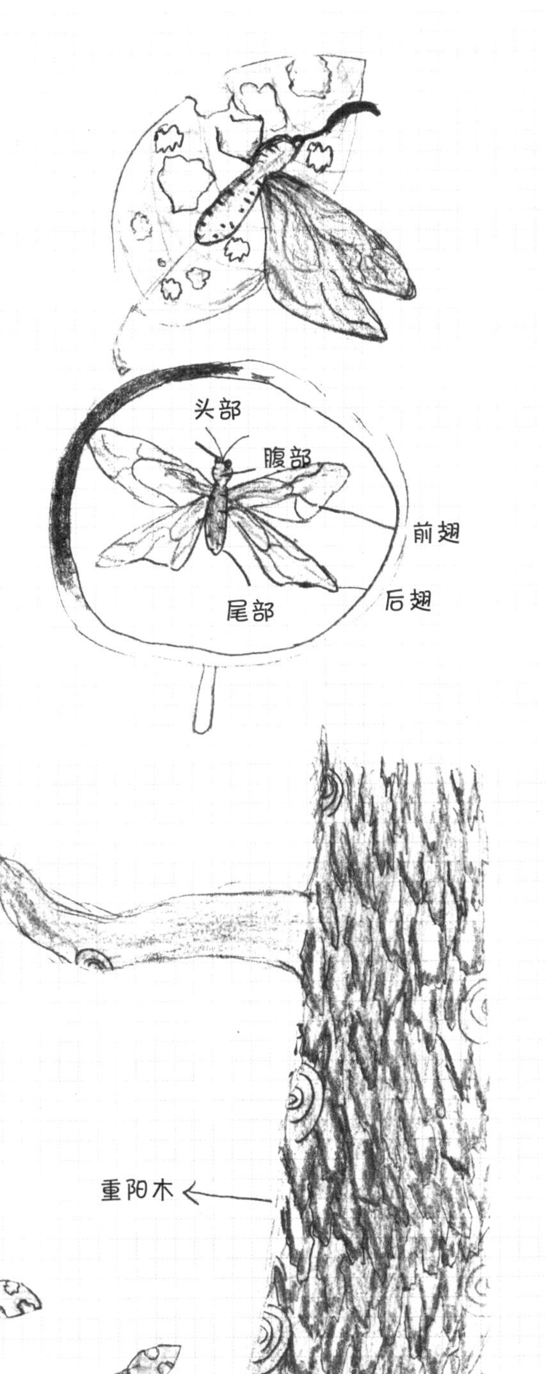

名师点评

重阳木斑蛾也叫重阳木锦斑蛾，是重阳木主要的危害昆虫之一。它的自然状态并不像图中画的那样，前翅与后翅并不会像蝴蝶那样竖起，而是和多数蛾子一样平铺在背部。昆虫的身体分为头、胸、腹三部分，并没有尾部。小作者在图中标注的不正确，位置也不准确。

重阳木斑蛾白天会飞舞取食，作者所写的在两天的时间内站在同一个地方一动不动的情况没有见过。另外，作者所写的一夜之间重阳树的叶子就被吃光了是真的还是猜测的？记录的日期是冬季，并非重阳木斑蛾活跃期，而且能够啃食树叶的不是成虫，而是幼虫。即使是在危害最严重的夏季，重阳木斑蛾的幼虫大量出现，吃光一棵树的叶子也要几天时间。至于作者的描述，我想可能是其他什么原因造成的叶子掉光。

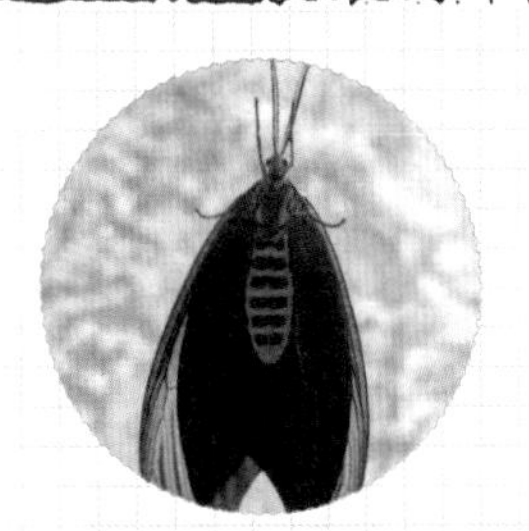

重阳木斑蛾

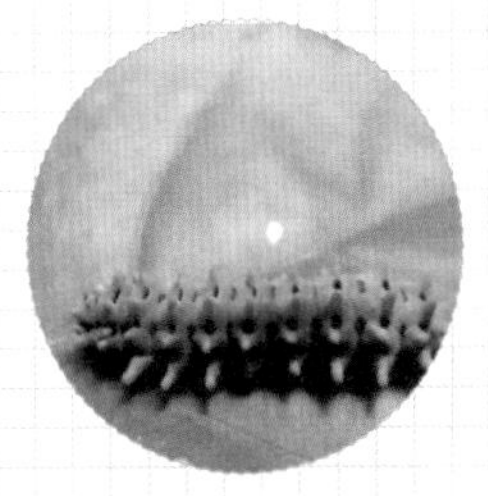

重阳木斑蛾幼虫吃叶片

第四天，我又去那里，看见了光秃秃的重阳树。上面的叶子都被重阳木斑蛾吃掉了，落在了地上。我心想，要是这样下去，重阳木的树种会灭绝的，太可怕！

草坪上的"小冰块儿"——长疣马蛛观察日记

2月13日 星期三 晴

这几天，我发现了一个奇怪的现象：每天早上从阳台看下去，楼下的草坪上总会出现一块块像薄薄冰块儿的东西，微微地反射着阳光。到了中午，太阳高照的时候，这些小冰块就像融化了一样，消失不见。

今天一大早，我按捺不住好奇心跑下楼，近距离观察这些"冰块"。原来它是由许多密密麻麻、银白色的细丝在草叶上交织而成，上面布满露珠，在它中间还有一个圆圆的小洞。真奇怪，这到底是什么呢？

2月14日 星期四 晴

今天早上我又去看"小冰块"。突然，我发现一个洞口前趴着一只灰色的小虫，我赶紧弯腰去看，谁知小虫警觉得很，飞快地缩进了洞里，不见了踪影。我继续察看其他"冰块"的洞口，又接连看到几只这样的小虫，原来是一种褐色的小蜘蛛。现在我知道了，这些"冰块"是蜘蛛的网。可是，它们是什么蜘蛛呢？

眼域端较窄，眼排成2列，后列后曲4颗较大，中涡放射状灰白条纹

今天我特地带上相机来到草坪，打算拍一些照片回去查资料，看看这到底是什么蜘蛛。蜘蛛们特别警觉，稍有风吹草动就飞快地躲起来。我不得不屏住呼吸，蹑手蹑脚地靠近它们。终于我抓拍到几张满意的照片。回家后，我把照片和网上搜索到的各种蜘蛛图片进行比对，又搜索了“草地”“蜘蛛”的关键词，终于查到了这种蜘蛛叫“长疣（yóu）马蛛”，也叫“长疣狼蛛”“猴马蛛”。它们结网在低矮的草地上，网为漏斗形，其下有管状的巢，其上向外延伸呈平面网，捕食小昆虫。清晨蛛网上会布满密集的露珠，经阳光照射，露水蒸发，“小冰块”就会融化消失，我终于明白了“小冰块”的秘密。

腹背有5～6条灰白色横带，端部具白点，纵向短斑像“!”符号。

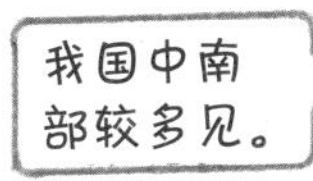

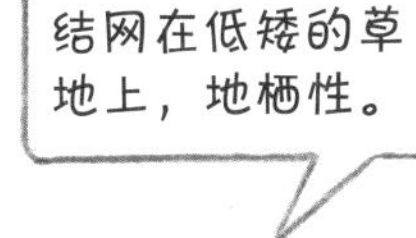

分布于平地至低海拔山区。

狼蛛科，雌蛛体长9mm；雄蛛体长7mm，警觉性高。

观察仔细，绘图合理，构图紧凑，描写栩栩如生，最难能可贵的是以日记的形式，在作品最后回答了作品开始提出的问题，思维非常清晰；有动有静，由浅入深，是一篇难得的自然观察笔记。

——张志升（西南大学生命科学学院副院长、蛛形学专家）

黑头阿波萤与海芋之钻洞案

你一旦拥有了对生活的态度，那么纵然你渺小，但你却掌握了比宇宙都强大的力量！

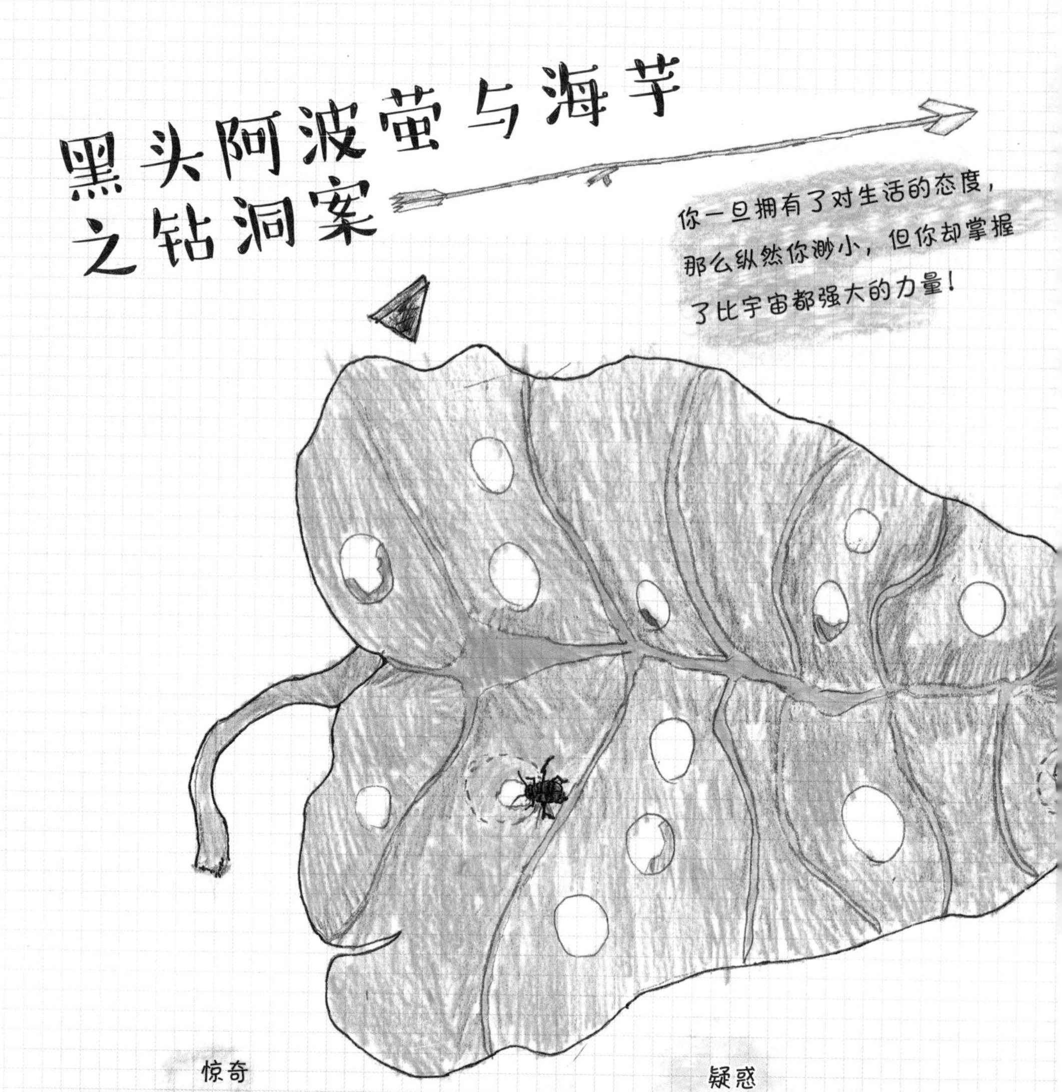

惊奇

8月23日 玉峰山房车基地

那是发生在傍晚，我和爸爸妈妈吃完美味的晚饭后，回住处的路上有许多海芋树，忽然，我看见了一片海芋叶上布满小洞，还很规则平整！是哪个“破坏王”弄的？竟然在海芋叶上打孔？我十分好奇，于是决定查个究竟，我弯着腰歪着头仔细找寻，终于在叶的背面发现了两只不知名的甲虫在啃食芋叶……

疑惑

为什么这种甲虫要吃出一个个这么有规律的圆洞呢？这是什么甲虫？这些问题让我很迷惑！回到家数天后，我终于有时间来“破案”了，经过我反复的查阅，锁定了叶甲科，于是我在叶甲科的“代表”里逐个排除。

黄足黑守瓜？杨叶甲？甘薯叶甲？榆蓝叶甲？柳蓝叶甲？最终，我锁定黑头阿波萤叶甲这一小种。

它的背是橙色的，在腹中有黑色“Y”字形纹带，以海芋叶为食，不过它们为啥吃出圆洞呢？

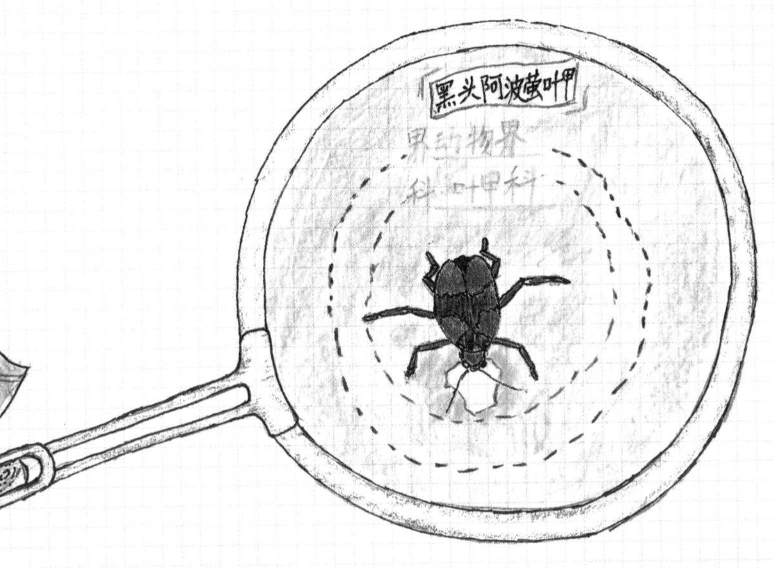

解惑

我查阅了很多的资料后终于知道黑头阿波萤叶甲已同海芋争了千年，海芋为了抵挡它们的侵袭，叶子长出了毒素，叶甲科的昆虫都抵不住这种毒。但是，叶甲也是“聪明之虫”。它们知道吃得越快就越不容易中毒，同时它们又在叶面上先划一道痕，让海芋察觉不到已被入侵，之后再次切割，此时海芋才察觉并将毒素通过叶脉往叶面输送，但叶甲已割出一两个圆圈，切断了毒素与划痕内部食物的桥梁之后 叶甲才开始大吃特吃，至于为什么切出圆洞？难道是叶甲天生精通几何学，知道划圆可以吃到最大面积的叶片吗？看来更深层次的研究在等着我。

感悟

大自然太神奇了，黑头阿波萤叶甲与海芋好比是矛与盾，在自然的进化中斗争着。通过“叶甲打洞案”，我发现，我们的世界是如此广阔而不止于眼前的学习与玩乐，以及每学期的两点一线，甚至让人感觉叶甲打出的这种圆洞是多么的有艺术感，而且在这背后还隐藏着这么多有趣的知识。“艺术源于生活，却又高于生活”这是对叶甲打洞的最好诠释。

黑胸胡蜂与死去的蟪蛄

8月的一天，我去荷花种植基地看荷花，在凉亭边上的地面上，见到一只黑胸胡蜂拎着一只蟪（huì）蛄（gū）大嚼特嚼，厉害的口器撬开它的外壳，吸食它的血肉。

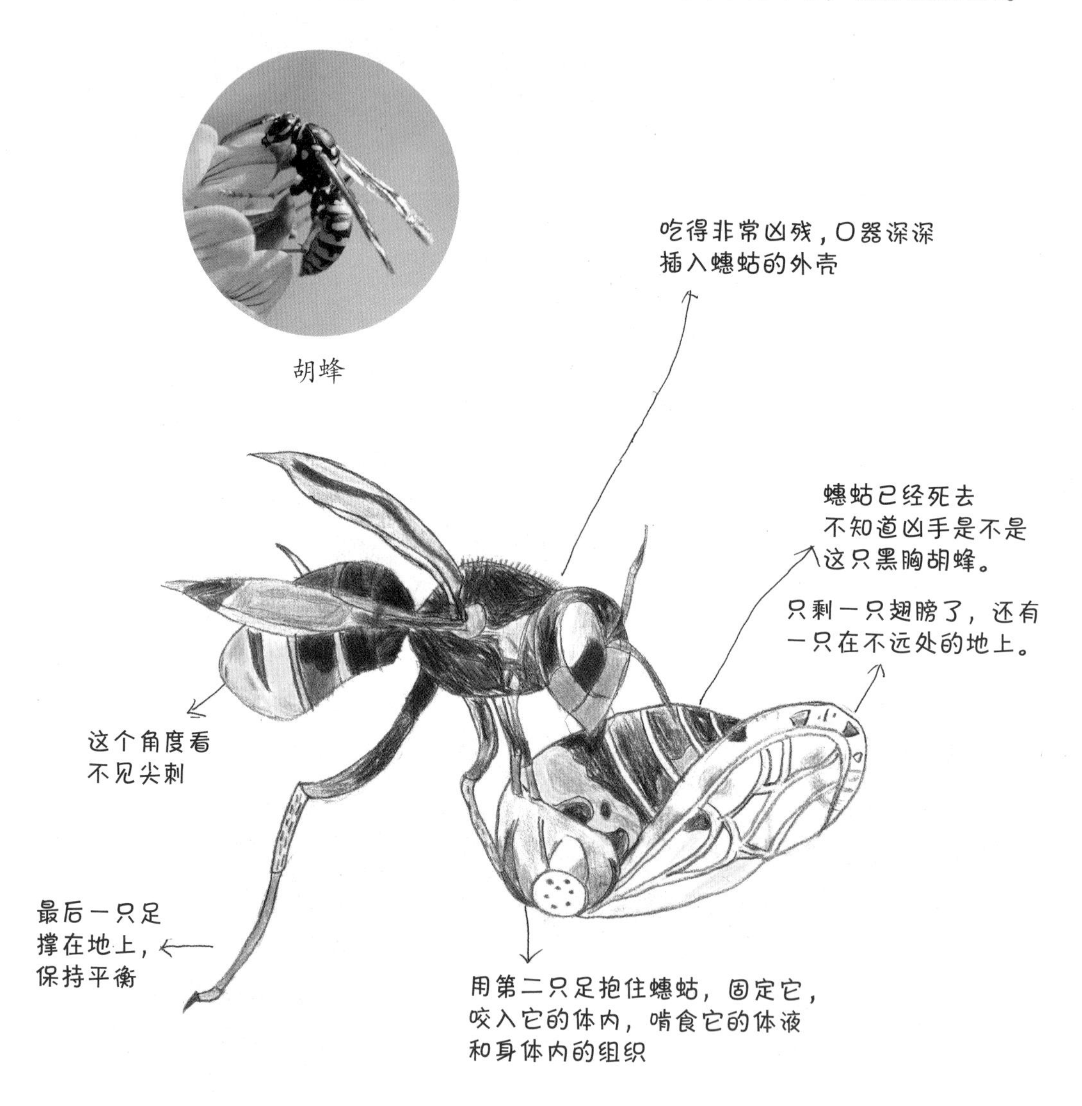

羊的气味

气味主导着我，遮挡了我的双眼！

羊会因为气味来判定“你”是谁。我家的羊不小心掉到屎坑里，出来时，它妈就不认它了，并且打它，洗了几次澡也没有用。

羊的上面没有门齿，下面却有，且牙齿扁而长。

我家的山羊，由于皮肤性疾病，用机油在小白羊的身上擦（土方法，有用）结果擦的地方长出黑毛。说明强烈的物质在某处停留，物质进入体内，改变了羊的遗传基因。

自然笔记中的文字

文 / 任众

自然笔记离不开文字。笔记中的文字帮助我们记忆，帮助我们整理、思考、抒发情感。它有时是散碎的，有时是连贯的，它记录我们跟自然在一起时感知和理解的点滴，是一种自然而然的表达。

笔记中的文字来自我们的观察，来自我们探究的历程，来自我们的生活经验，来自我们跟自然相处时真实明澈的内心感悟。除了记录自然事物本身，也可以涉及与之相关的生活点滴、历史人文、美好情感等。

自然笔记文字的形式

笔记文字的形式不限，唯一要统一的是所有文字需确切真实地反应我们对自然的认识和感悟。自然笔记可用多种文字形式表达，或说明，或叙事，或抒情。只要内容与当日自然相关都可以。

在对自然物进行描述时，我们常会用到说明性文字，有时是在配图上标注，有时是对感官认知的记录。

需重点强调的是，在对自然物进行描述时，要以严谨的态度尽量把握住它们的细部特征。因为有时，我们不得不仅凭笔记去查阅资料。尤其是绘画部分不能帮忙表现得更准确更全面时，我们需用文字进一步补充。

比如当我们记录一朵心仪却不认识的花时，对非重瓣的花朵最好能细数花瓣数量，表述雌雄花蕊。有时单记录花朵还不够，最好加入对其植株高度，叶片形状，边缘有无锯齿、叶裂，叶片是对生还是互生，茎的颜色、有无柔毛和钩刺等情况的说明。

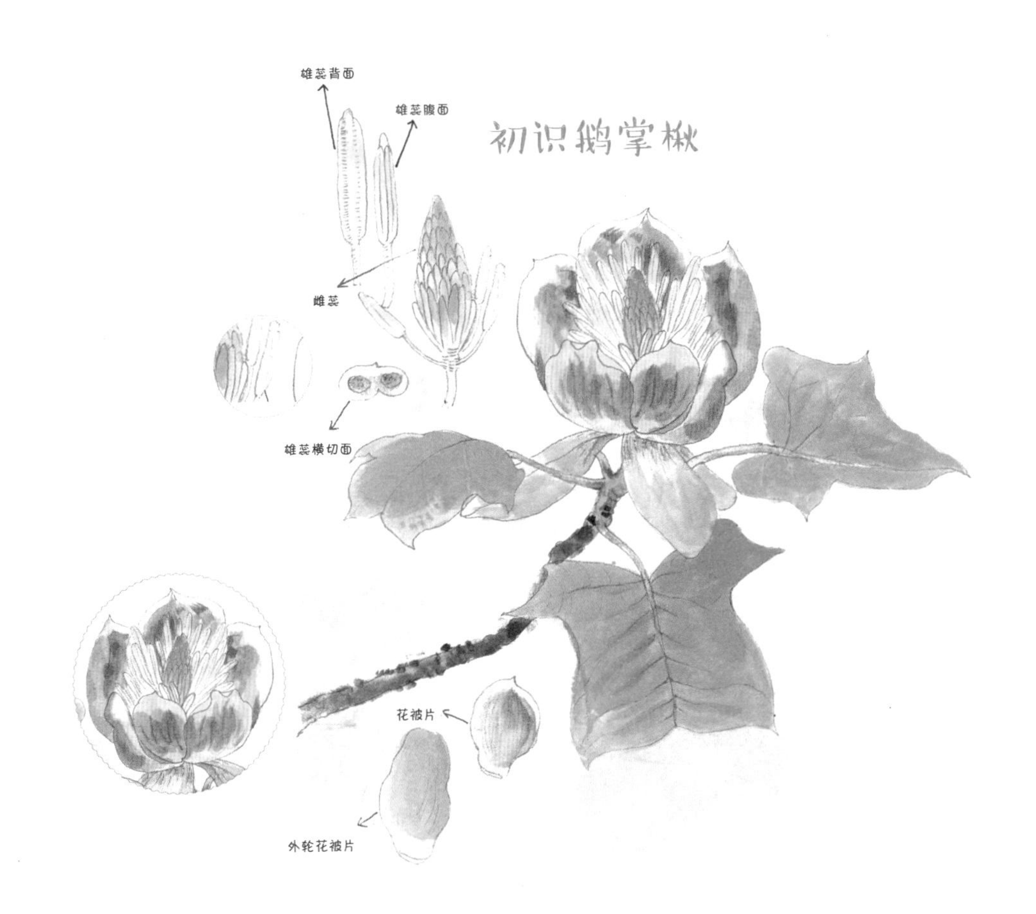

再比如，我们用眼睛看到的大部分内容可以通过绘画来表现，但用耳、鼻、嘴、手感知的内容则需用文字表达。

笔记中的文字不拘泥于形式，即便是对一再强调的笔记三要素，你也可以把它融入到正文中，用很具体的描述来表达，而不是像天气预报那样程式化的罗列。

自然笔记文字的内容

做自然笔记时，文字可以用来记录感官对自然的认知、自主探究的过程，以及我们的所思所想，还可以联系相关民俗、谚语、箴言等进行记录。

民间有很多靠老辈人口口相传的跟自然相关的内容，最普遍的形式是借自然物寄情、说事儿或喻人的谚语，它反映了人和自然之间的密切关系。如“米贵阳，米贵阳，担起水来淋高粱”“天上落雨地下流，黄丝蚂蚂在搬家”“一根树儿高又高，高头结的千把刀（皂角树）”“山螺蛳，快出来，有人偷你的青枫柴”……这些将生活和自然联系在一起的精辟语言，顺口押韵，大多只要听一次，就能记得牢，理解起来还比长篇大论来的深刻。

需要注意的两个问题：

1. 切忌脱离观察，不经思考，抄录大段现成文字。

直接搬大段现成的文字，有点像做课堂笔记或读书笔记。在初学笔记者的作品里，我们看到一种现象：见到某种喜欢的花，拍照问询，知道该花的名称后，百度花名，然后将网页上大段该植物的、类似于植物志上的物种描述抄录到笔记中，甚至科属种拉丁名俱全，然后满足于此。

这样的笔记除了通过绘画有了对物种形象的认知外，文字内容感觉没有温度，那些专业术语在第一次接触又未深究的情况下，也不可能真正成为作者自己的。这样做不易引发思考，缺失自己内心的想法，最关键的是，不易产生自主探究过程中能够引发的那种能让我们乐此不疲坚持下去的原动力——乐趣！

2. 缺乏观察，则难以表达。

有些笔记的文字流于表面，泛泛而谈，感觉空洞无物，其实也是因为作者在记录时都没有打动自己的内容造成的。

笔记中的文字有时也像画画，观察到位，描摹时才能特征凸显，细致精准。这样做不但可以巩固对美的印象，还能帮你找到吸引人的趣味点，这点至关重要，只要我们真正感兴趣了，想了解更多，有很多好奇，笔记随之深入下去时，文字表达便会水到渠成地自然流淌了。

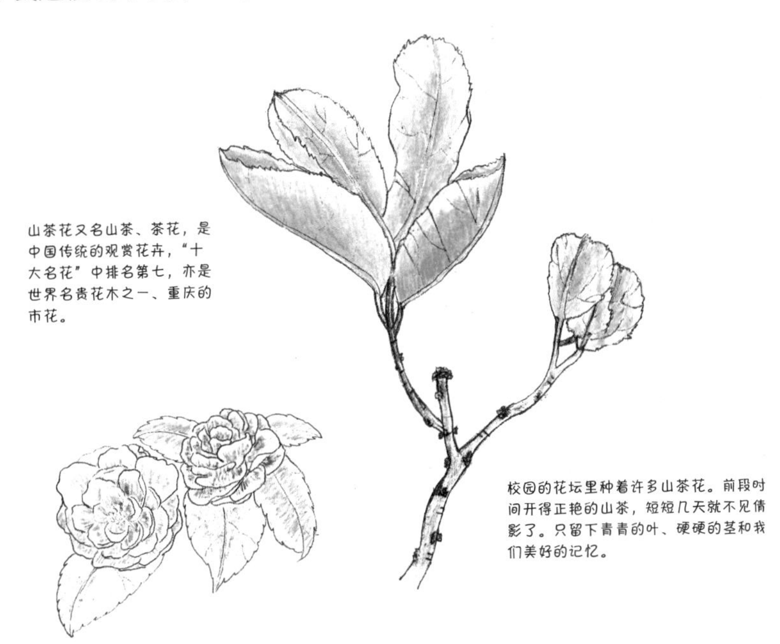

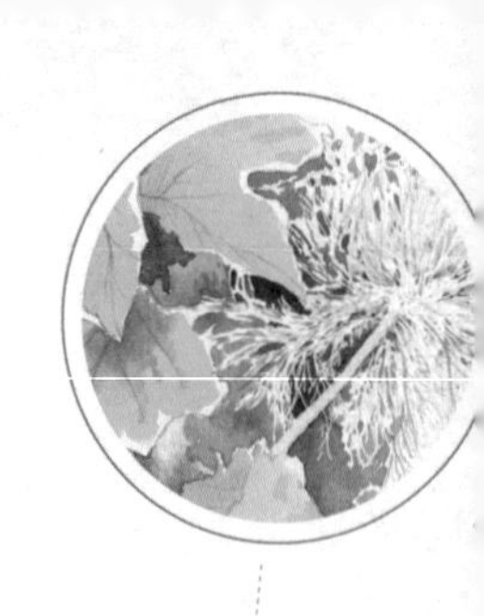

植物篇

事件观察

“冒汗”的南瓜

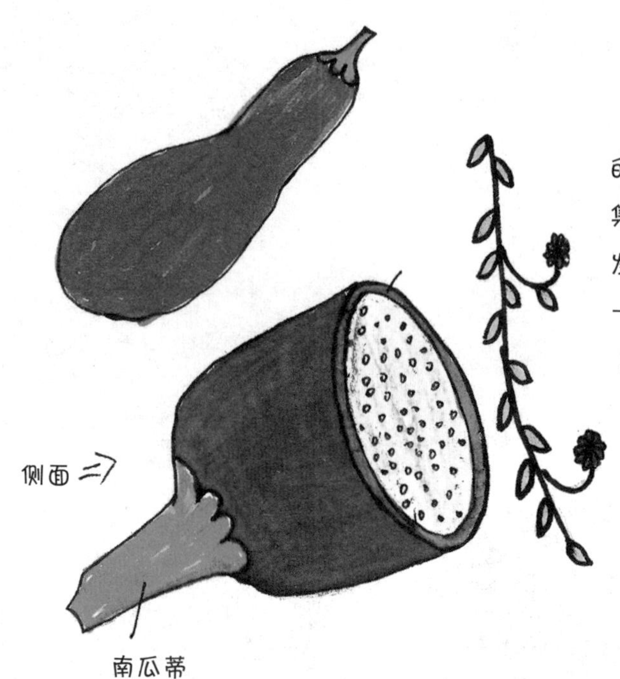

它的样子就像人冒汗时出的汗一样，是一颗颗透明又密集的小水珠。我拿起来闻一闻，发现并没有什么味道，就像水一样。然后，我又用手去摸，发现还挺清凉的，刚开始并没有黏腻感，后来却出现了黏腻感，真是太神奇了！

今天中午，当我做饭时，切开南瓜，发现表面出现很多小水珠，于是，就这一问题，我开始探究。

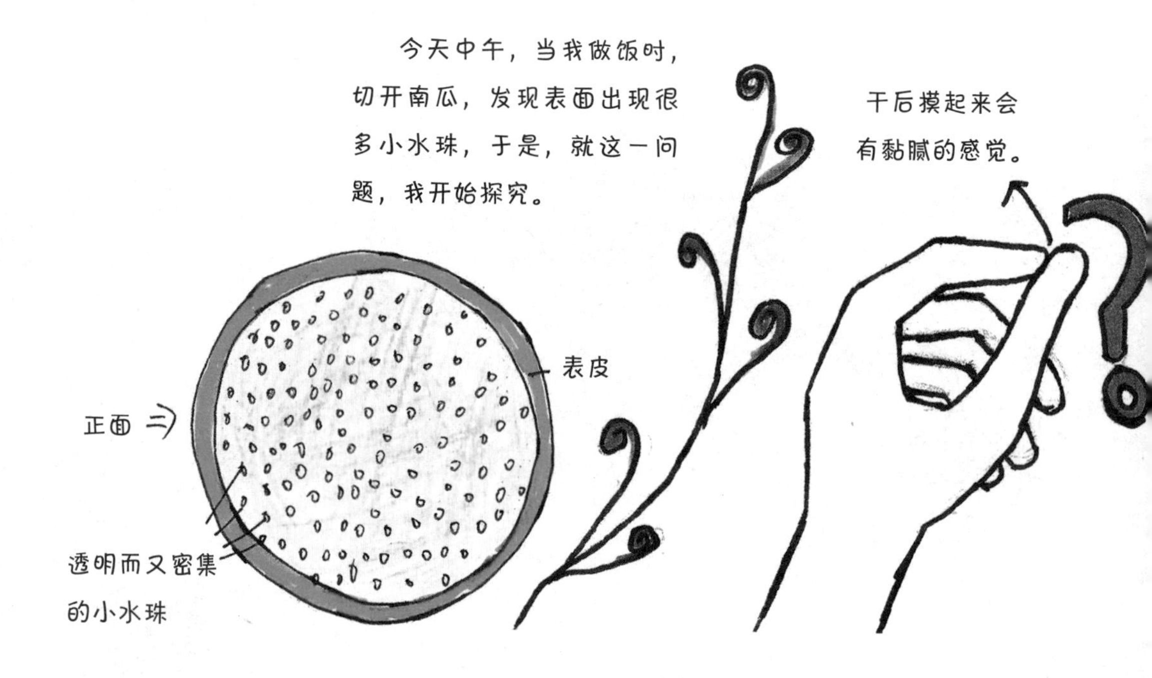

于是，我便上网查找相关资料。原来这冒出的“小水珠”是南瓜的果胶。天然果胶是以原果胶、果胶、果胶酸的形态存在于植物的根、茎之中的，是细胞壁的一种组成成分，伴随着纤维素而存在。它构成相邻细胞中间层的黏结物，把植物组织紧紧地连接在一起。

还有许多水果和蔬菜中都含有果胶，比如，苹果、柿子、香蕉、梨、红萝卜、马铃薯等。可见，果胶真的很神奇！

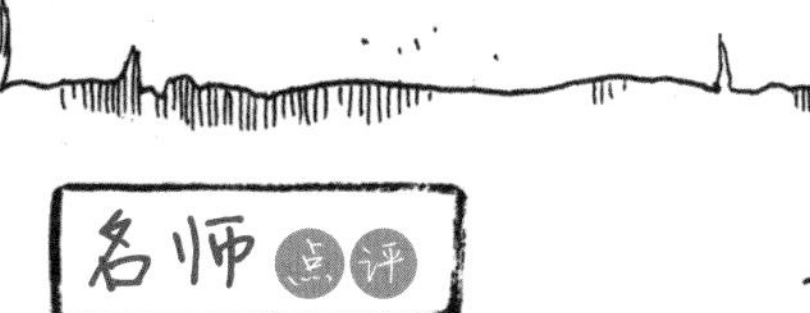

这篇观察笔记记录的是一种现象，从现象出发，提出问题到寻找答案解决问题，体现了作者的科学探索精神。日常生活中有很多现象值得我们去深究，但往往我们视而不见。作者能把常见的南瓜“冒汗”这一现象作为研究对象，然后独立解决问题，是最出彩的地方。

由于问题比较简单，作者没用多少笔墨，已经介绍得很清楚了。美中不足的是配图的质量需要提高。画面左侧无论是完整南瓜的外皮质感，还是切开南瓜的瓜蒂形态，以及冒出水珠的南瓜截面，感觉都不太像南瓜。

丰富的果胶食品

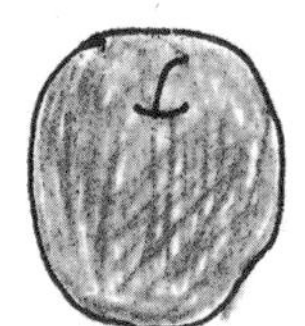

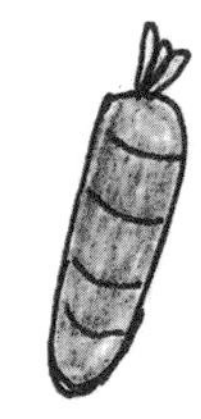

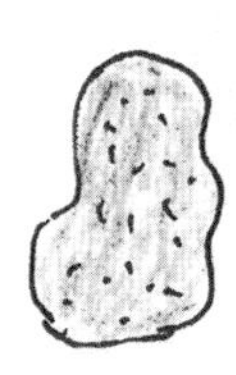

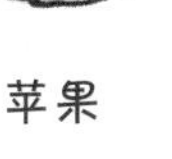

苹果　红萝卜　马铃薯

生病的茭白（一）

8月19日
天气：多云
地点：家里

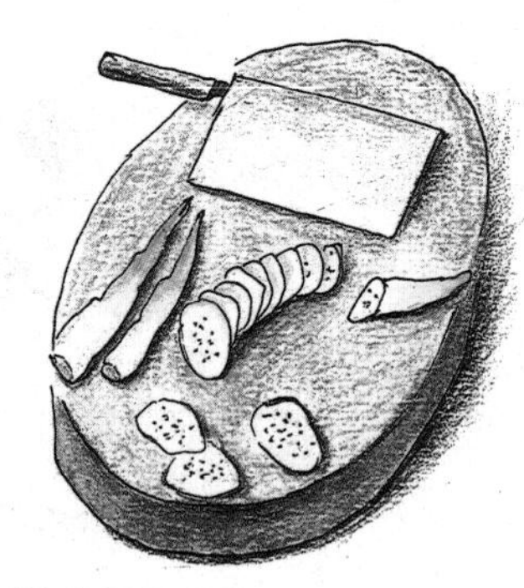

今天妈妈切茭白时，发现茭白里有芝麻般的小黑点。妈妈说坏了不能吃，爸爸说可以吃，于是争论了起来。为了平息这场争论，我决定上网查查，看这些小黑点到底是什么？这样的茭白能不能吃呢？

8月21日
天气：晴
地点：忠县

茭白变身记

菰（gū）是一种禾本科植物，产出的粮食叫作菰米。它有着黑米一样的颜色，较为细长。后来因为采集难度太大，菰米就渐渐地淡出人类的视野了。

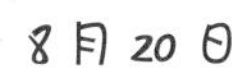

8月20日

天气：晴

地点：学校生物实验室

生病的蔬菜茭白

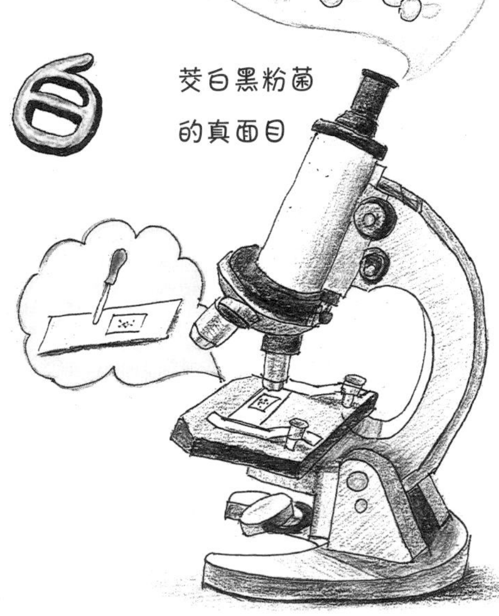

我利用生物显微镜见到了黑粉菌的真面目，孢（bāo）子近球形，浅红褐色，一个个紧紧搂在一起，像连成一片的玻璃珠子，很是好看。

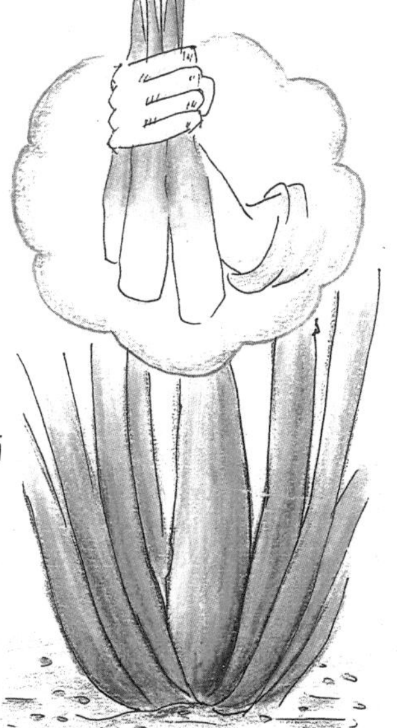

黑粉菌分泌一种异生长素，刺激菰的茎不能正常发育，养分积累在茎部，茎部细胞加速分裂，由筷子般细的菰变成了擀面杖般的茭白，使菰完成了由粮食变为茭白的华丽“变身”。

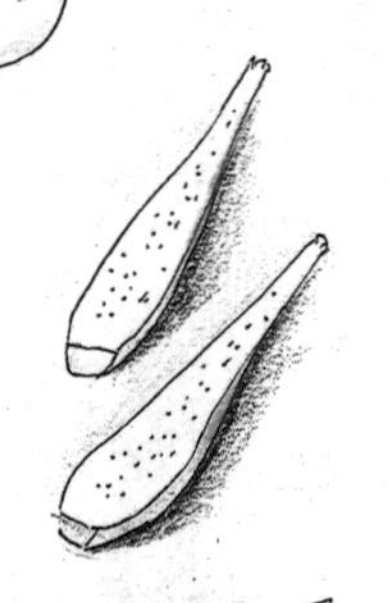

有黑点的茭白能吃吗？

有黑点的茭白不但对人体无害，而且对人体还有许多益处。那些黑点正是遗留的一些茭白黑粉菌孢子。黑粉菌能够抑制骨质疏松，促进人体新陈代谢。但是如果黑粉菌的孢子数量太多，茭白就会变成深棕色，也就是“灰茭”。“灰茭”是不能吃的，误食易引起肺炎，挑选时可得注意呢！

生病的茭白（二）

8月22日

天气：晴

地点：农贸市场

茭白的挑选

挑选茭白时应挑选粗细适中，白白嫩嫩，头部光亮的茭白。非马上烹调，最好不要剥掉表皮。

茭白的价值

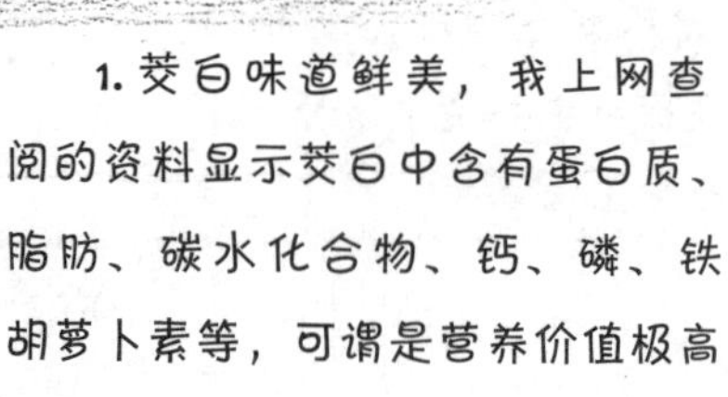

1. 茭白味道鲜美，我上网查阅的资料显示茭白中含有蛋白质、脂肪、碳水化合物、钙、磷、铁、胡萝卜素等，可谓是营养价值极高！

2. 中医认为茭白是一味药，可除目赤、解酒毒、利二便、去燥热。茭白还能补虚健体，防癌。

3. 成熟茭白内部的黑粉菌形成的黑色孢子可制成眉笔，也可用来制染发剂。

研究启示

8月23日
天气：晴
地点：家里

研究观察茭白的过程中，我明白了不但要重视理论学习，还要联系生活实际，拓展更多的知识面，结合生物与自然、人与自然的关系，才能真正提高自己的科学素养！

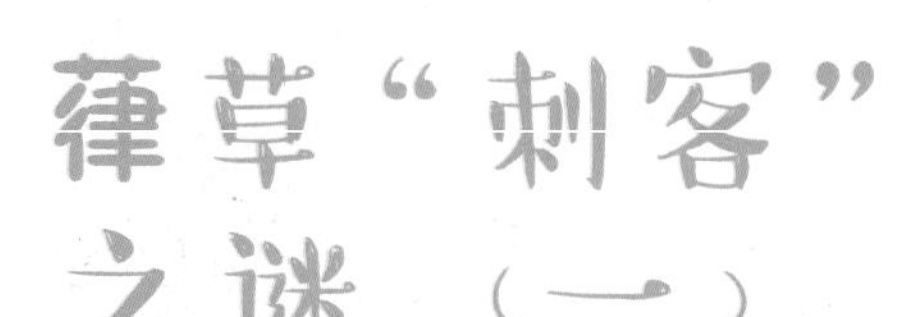

葎草"刺客"之谜（一）

正面

有一次我和伙伴们在草地上放风筝，不小心风筝掉进了草丛里，我壮着胆子大步向草丛里走去。当我走出来的时候腿上满是红痕，疼得我大叫。过了几天那些红痕才慢慢消了下去。

葎（lǜ）草叶子正面有一些尖尖的、细细的，又长又整齐的毛茸茸小刺。它的作用非常重要，那就是保护葎草不受害虫的伤害。

反面

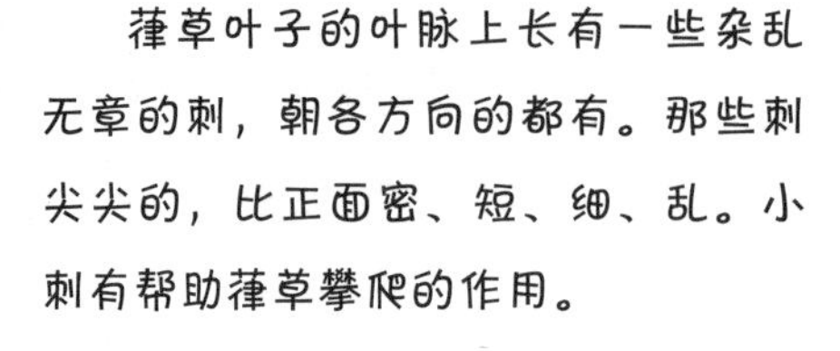

葎草叶子的叶脉上长有一些杂乱无章的刺，朝各方向的都有。那些刺尖尖的，比正面密、短、细、乱。小刺有帮助葎草攀爬的作用。

在葎草茎上有很多凸起的小包，小包上长有一些头朝根的小刺。这些刺可以钩住旁边的植物或物体，这样就可以一直向上长。当动物们来到葎草上时，很容易被割伤、划伤。这就是它用于防身的秘密武器，所以大家称它为“割人草”。

野地中的葎草

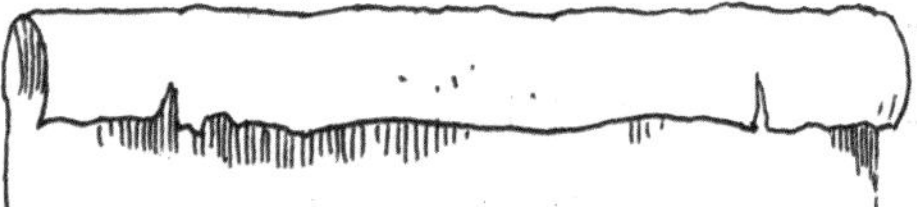

名师点评

葎草是常见的杂草，因为常见，而且有刺，所以很少有小朋友去认真观察它，而这篇观察笔记的作者观察得非常仔细。作者观察、记录了葎草叶子的正面、背面的小刺和腺点，茎上的小包和刺等结构，也对它们的功能进行了分析。对于不懂的问题，作者去咨询了专家，体现了严谨认真的态度。

相对于文字描述，配图的质量有待提高。葎草的叶为五角形掌状叶，非常容易辨认，但图中的叶看不出掌状也看不出五角。虽然自然观察笔记不是美术作品，但是观察对象的特征还是要准确表现出来的。

葎草"刺客"之谜（二）

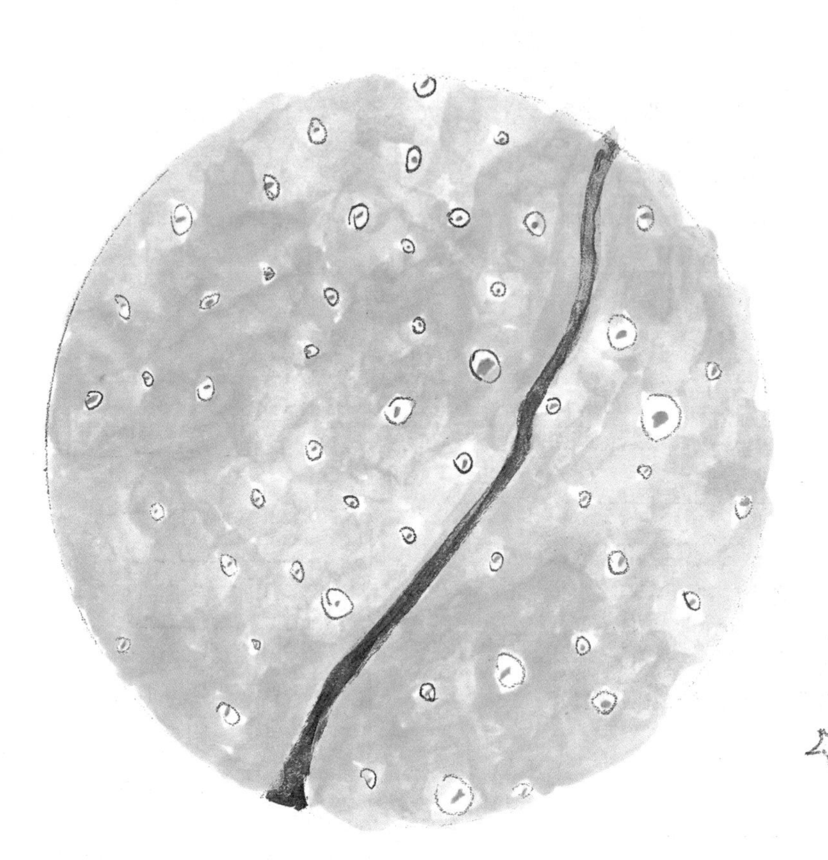

葎草的叶子背面生长着许多凸起的、颗粒状的，类似圆形的半透明小包，包的中央有绿色的小点。1平方厘米的地方，分布着47个大大小小的包包，就像是清晨的露珠，晶莹剔透，十分惹人喜爱。通过请教得知，这些包包是植物的腺点，里面包含化学物质，能阻止昆虫对叶片的取食，也能灭菌，是葎草的化学武器。

当你把葎草背面放大100倍时，一个新的世界闯入眼帘。在这里，我发现了令人惊奇的“小包和小虫”，让人忍不住感叹大自然的奇妙！

而魔高一尺，道高一丈，为了生存，虫子也变得更厉害了！在观察腺点时，我也惊奇地发现了两种在葎草叶子背面生活的小虫子。一种是约2毫米长的半透明的三节六足的小虫子；另一种是腺点大小的淡绿色圆形小虫。动物专家说三节六足的小虫子是叶蝉的幼虫，靠吸食植物汁液为生，而那个超小的虫，实在信息有限，无法识别它的真身，还需要我继续研究。

马齿苋与太阳花

初夏，楼顶花台墙角处，不知什么时候长出一棵“小精灵”。我立马兴奋起来，前几天我们校园里花匠伯伯不正是在栽种这种植物吗？当时我还专门问了花匠伯伯他栽的是什么？花匠伯伯告诉我说：“这是太阳花，开花时可漂亮了，而且花期很长，几乎可以从6月开到10月。”

于是我迫不及待地把它移种到花台中间来，充满期待地静等花开。可是，整整一个暑假都没看到它开出漂亮的花朵，倒是一个花台里到处都是它的身影，它的繁殖力十分强大，让人措手不及。

隔壁的王奶奶笑我说："傻孩子，你种这么多马齿苋（xiàn）来吃吗？这可是味道不错的野菜！"我不服气地说："这不是野菜，这是我种的太阳花！"王奶奶哈哈大笑："这明明就是马齿苋！什么太阳花！谢谢你，我可要摘些回去吃了！"我掐了一株下来与网上查阅的太阳花做对比，原来这真是马齿苋，太阳花的叶子比马齿苋要尖一些，而且植株向上长，不像马齿苋贴着地面长。唉，我真是有心栽花花不开，无心栽菜，菜飘香呀！

这是一个简短而生动的小故事，它告诉我们，形态相似的植物还是很多的，如果不注意观察加以区分，很容易张冠李戴。

作者所说的"太阳花"，是"大花马齿苋"的别称。大花马齿苋花色艳丽，花期长，耐干旱，繁殖力强。被作者当作"太阳花"的马齿苋花很小，直径只有4～5毫米，基本不具备观赏价值。

正如作者所说，"太阳花的叶子比马齿苋要尖一些，而且植株向上长，不像马齿苋贴着地面长"。这是两种植物形态上的显著区别。大花马齿苋的叶片呈细圆柱状，植株高10～30厘米。马齿苋叶片为扁平倒卵形，植株伏地铺散。抓住这些特征，我们很容易就能区分两种植物了。

作者的绘画功力不错！马齿苋画得活灵活现！不过大花马齿苋的叶片画得不准确，再观察一下。

谁动了我的草莓？

我们家楼顶的花坛里去年从老家移植了几株草莓。在儿子的精心打理下，今年5月竟开花结果了。儿子常念叨第一颗草莓一定要让他先品尝。今天意外发生了，儿子定时巡查草莓回来，着急地说：“最大最红的那颗草莓被谁咬了一口。”我们迅速来到现场，果然那颗快熟透了的草莓上留下了一块伤疤。

“到底是谁动了我的草莓？”

我们开始勘查现场，并快速锁定了三个主要嫌疑对象。

1. 蜗牛。它的嫌疑最大，在离草莓1米的花坛瓷砖上有蜗牛的壳，它就蜷缩在里面。

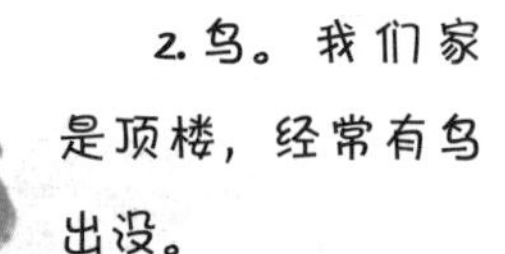

2. 鸟。我们家是顶楼，经常有鸟出没。

3. 野蜂。草莓的花朵有可能吸引野蜂采蜜，野蜂看到红红的果实，也有作案的可能。

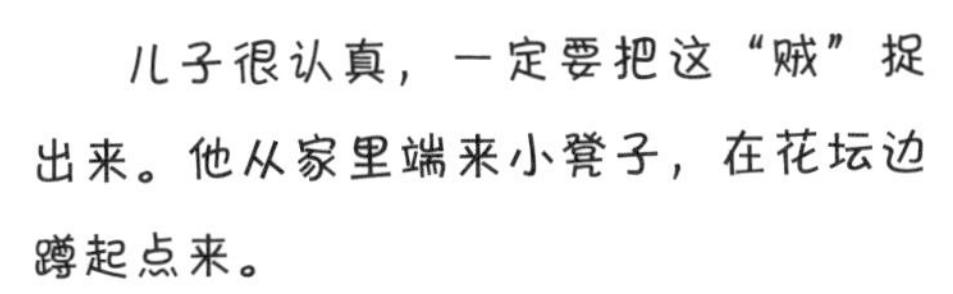

儿子很认真，一定要把这“贼”捉出来。他从家里端来小凳子，在花坛边蹲起点来。

5分钟过去了，10分钟过去了……在我觉得没有希望了的时候，儿子突然兴奋地喊起来：“捉到了，捉到了！”当我们再次来到现场时，只见一只体型较大的蚂蚁在尽情地享用着鲜果。我们误会前面的三个嫌疑对象了，原来蚂蚁喜欢吃甜食。

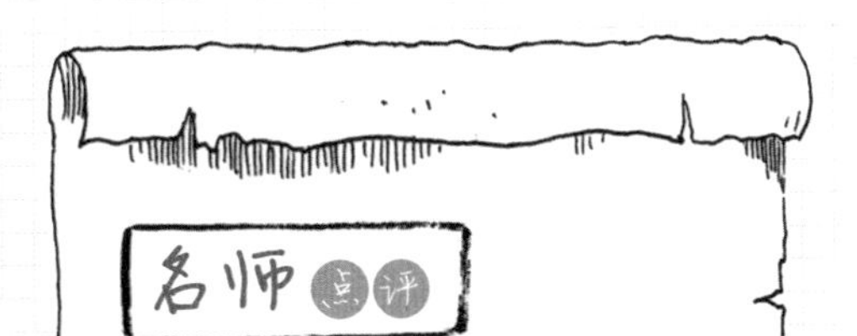

名师点评

虽然是家长所写，全文却充满童趣。无论是题目的拟定还是悬疑剧般的写法，都引人入胜。文章用词并不华丽，却风趣幽默，篇幅虽然短小，情节却跌宕起伏。相信多数读者会和我一样，怀着一探究竟的心理从头看到尾，直到揭晓最终的答案。单从写作的角度看，文章是很成功的。

美中不足的是，作者没有把草莓“被咬一口”的状态描绘清楚，这可是断案的必要细节。不同的动物咬的痕迹是不一样的，单纯从看到“蚂蚁在尽情地享用着鲜果”就断定蚂蚁是贼，排除其他三个“嫌疑对象”并不科学。应该更长时间地观察，看看蚂蚁咬的和上一次被咬的草莓留下的痕迹是否一致。我判断蜗牛（蛞蝓 kuò yú）、麻雀和蚂蚁都可能是偷吃草莓的“贼”。

动物篇

事件观察

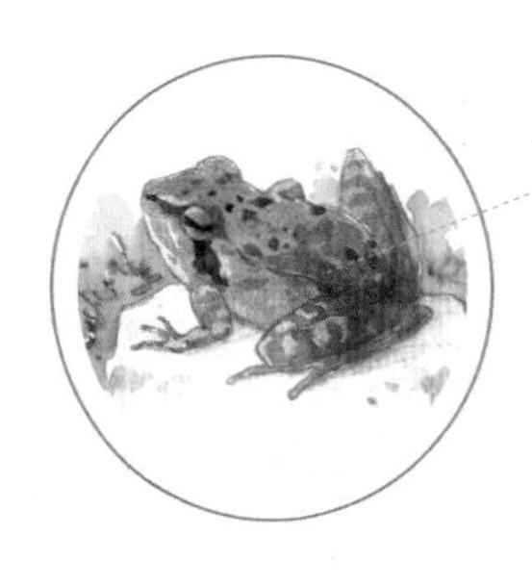

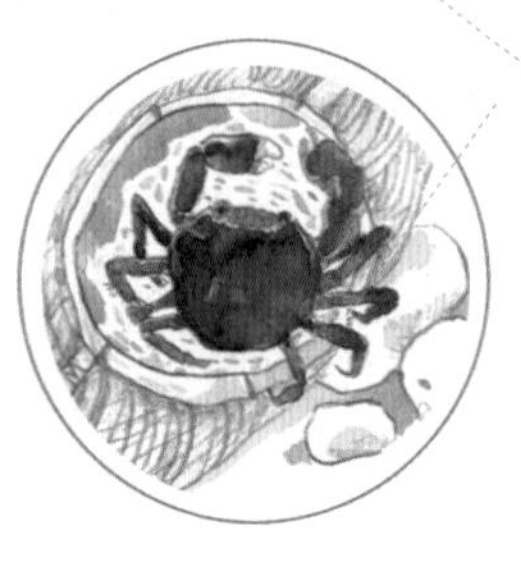

白鹭篇（一）

今天，我们在老师办公室的外面。发现了一只白色的鸟，赶紧叫来老师，经过老师们的鉴定，它原来是一只白鹭，可爱极了。老师把它放在办公室里，它居然自己找了个有花的盆栽植物，单脚站在上面，还臭美地把花夹在了翅膀里。

下午2点，距离我们发现它已经有5小时了，它还是一动不动地站在那里，像一个标本，到底是什么原因呢？仔细一查，原来它还有一个外号“长脖老等”。因为它喜欢吃鱼，为了抓小鱼才练就了这样的神功。

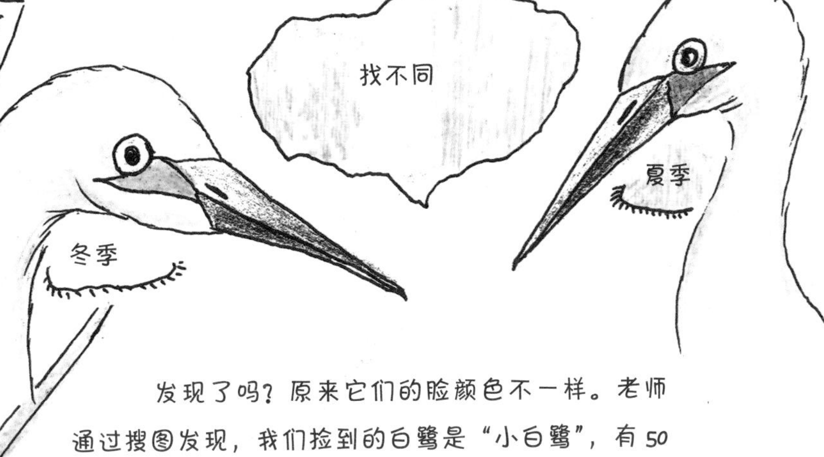

发现了吗？原来它们的脸颜色不一样。老师通过搜图发现，我们捡到的白鹭是“小白鹭”，有50多厘米长，它在夏天的时候脸是粉色，到了冬季就会变成黄绿色。

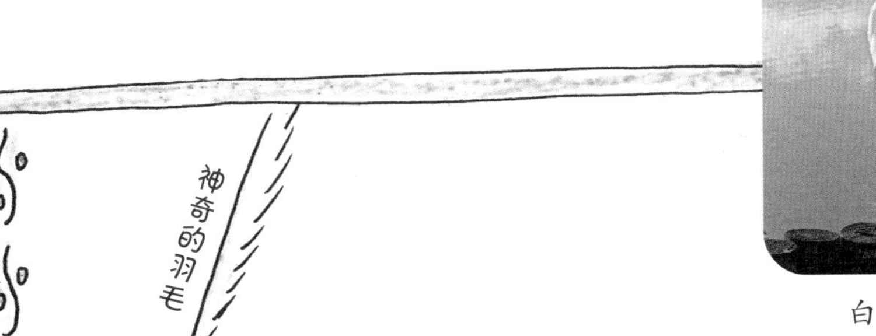

白鹭

它的白羽毛是最神奇的，每天生活在野外羽毛还能这么白。这是因为它长有一种特殊的羽毛，能不停地一边生长一边化成粉，就像滑石粉一样，可以不停地清洁羽毛。

白鹭篇（二）

时间：6月10日

今天是周日，距离我把白鹭带回家已经2天了。我给它吃了它最爱的小鱼，它终于从不动的雕塑变得活跃起来，开始在家里走来走去。看着它的精神不错，我们报备了林业局，带着它回老家放生。

鸟的天性总是热爱大自然的，在把它放到绿油油的秧田的一瞬间，我感受到了它的喜悦，它扑愣着翅膀朝着秧田深处走去。半小时后，我们再去看，秧田里面没有了它的身影。抬头望去，天空中几只白鹭朝着远山飞去，也许它就在里面。“和谐”是什么呢？不是圈养，而是放飞给它自由。当人与自然都处于最放松的状态，才是“和谐”吧。

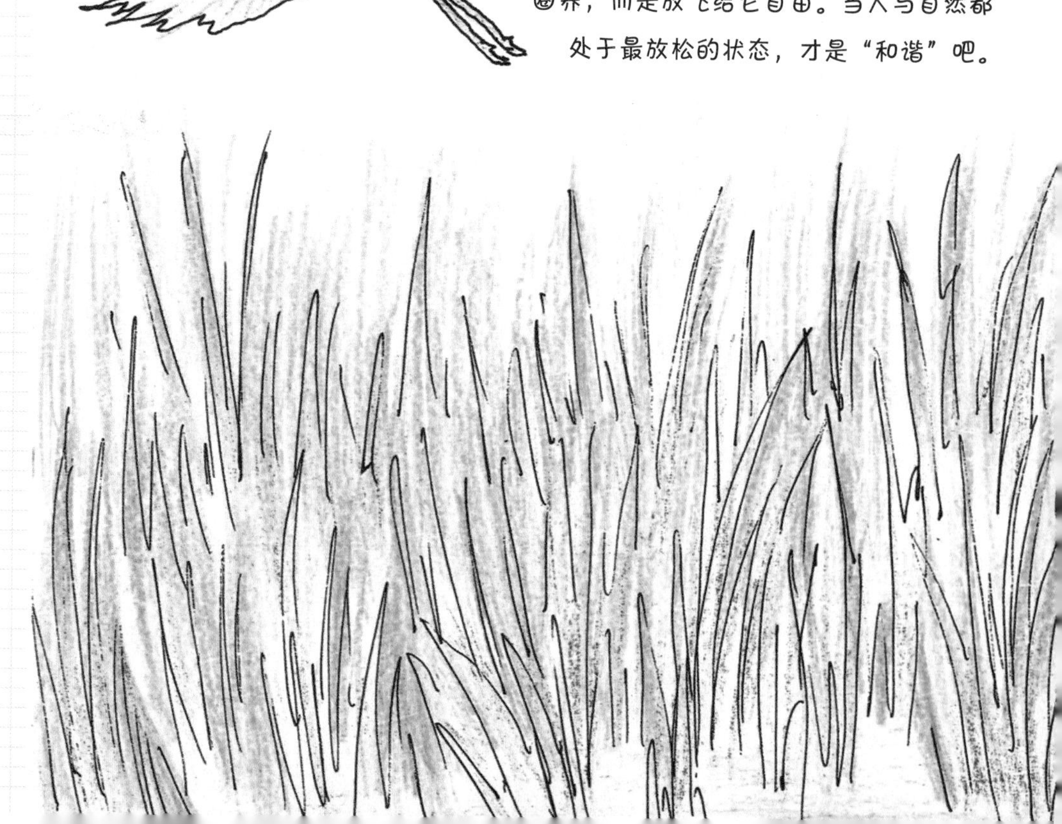

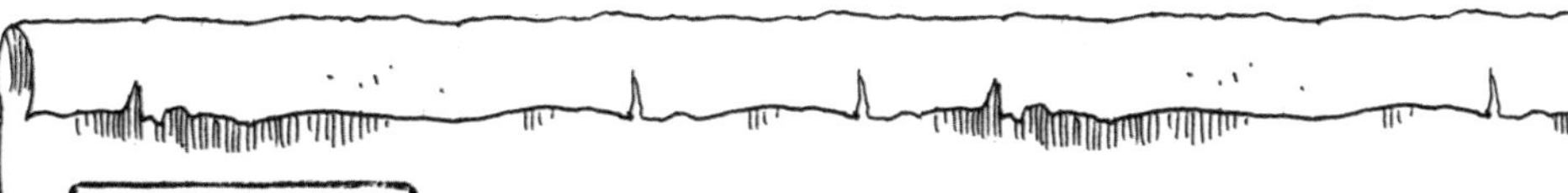

名师点评

作者用简单的文字记录了发现—喂养—放飞“小白鹭”的过程，介绍了它的一些特点，也表达了自己对“和谐”的理解。对于作者的想法和做法，我是非常赞同的。不过看了图和文字，我还是有些疑问。

第一个疑问，它是“小白鹭”吗？小白鹭在繁殖期（3～7月）具有羽冠及胸饰羽，而作者记录的事件正好在繁殖期内，但是文字或配图中，均没有体现这一特点。另外小白鹭站立时确实经常会缩起一条腿，不过姿态与插图中所画的有明显区别。

第二个疑问，它是“白鹭”吗？白鹭无论在站立或飞行中，颈部都会弯曲呈“S”形，但是从插图来看，这个特征也不明显，特别是飞行的姿态，脖颈明显伸得很直，不符合白鹭的特征。

第三个疑问，它是如何被带到办公室的？白鹭确实会出现在校园中，但是，一般不单独行动，而且白鹭虽然不十分怕人，但是看到人走近也会飞走的。作者从看到它到把它带到办公室，到底经历了怎样的过程？难道是它受伤了？可是，如果是受伤了，为什么第三天就带回老家放飞了？

自然笔记需要记得细致一些，绘画要突出特征，否则难免会让人产生疑惑。

鼠皮降温记

进入8月，正值酷暑，连续几天近40摄氏度的高温，谁也不想在没有空调的客厅多待一分钟。可我家的小仓鼠偏偏就被放在客厅中。

一天，我逗小仓鼠时发现它浑身湿透了。咦，从没这样啊？好奇的我便偷偷观察起来。喂过了食，它在笼子里找了个角落便睡了下来，可不一会儿，它便睡不踏实了，急忙跑到水瓶边。起初，我以为它要喝水，却发现它用身体在水瓶口蹭来蹭去。原来，它为了防止中暑，想用水的蒸发带走身上热量，实现降温！太聪明了！于是，我将它的笼子拿到了卧室门外，门缝中吹出的风使这里比客厅凉快多了。当晚，小仓鼠舒服地窝在角落睡了一觉。笼子换地方后，小仓鼠再也不湿了。

动物的生存本能是一个神秘的领域，而家养的小仓鼠却带我领略了动物生存本能的奇妙。动物为了生存，会想尽一切方法适应环境。

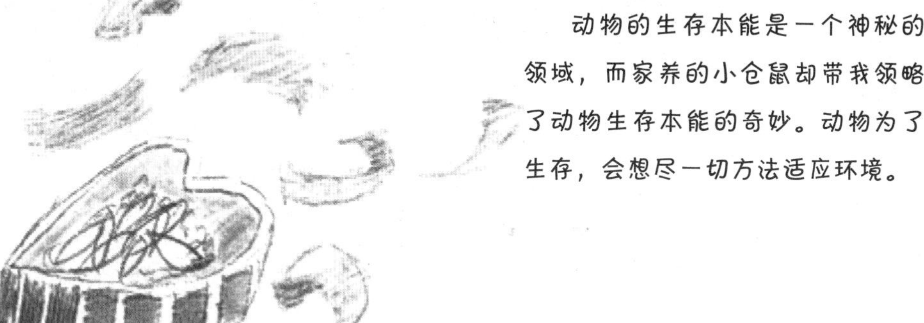

名师点评

这是一个生动的小故事，一只聪明可爱的小仓鼠跃然纸上，通过它让人们更加理解“适应环境”这一自然界的生存法则。

文章对小仓鼠的描写从“浑身湿透”的反常状态引发好奇；以“睡不踏实”“急忙跑到水瓶边”说明天气热；用“它用全身在水瓶口蹭来蹭去”的动作来体现它的聪明。为了验证自己的分析，作者又做了对比实验，发现把笼子放在凉快一些的地方，小仓鼠就不湿了，也用不着通过水的蒸发来降温了。这个研究的过程是比较完整的。

从科学研究的角度看，客厅里到底多热，小仓鼠出现了把自己弄湿的行为；卧室门外温度降到了多少，仓鼠就无须弄湿自己了呢？如果有准确的数据是不是更好？还有就是这只仓鼠有这样的行为还是其他仓鼠也会有相似的行为呢？值得研究的东西还有很多。

鸽妈妈的第六感

暑假，我家阁楼上飞来了一只鸽子，第二天又飞来一只，我想它们是一对恩爱的情侣吧！

这对鸽子一连住了好几天，并没有离开的意思。妈妈就为它们做了窝。没过多久，我就发现它们在窝里生下了两个蛋，雪白的。它们终于有了爱的结晶，真为它们感到高兴。

白天，这对情侣就轮流着孵化自己的小宝贝，一只出去觅食，一只在家孵化，就这样交替着，一孵就是7~8小时，一动不动，没想到鸽子当父母也这样不容易！

到了第6天。我去看望它们的时候，不忍心看到的一幕发生了：一只雪白的鸽蛋掉下来，摔碎了。我心都凉了。

窝做得很好，为什么会掉下来呢？

鸽妈妈也太不小心了。我一边责怪着鸽妈妈一边把这件事告诉了妈妈。妈妈只是微微一笑说：“傻孩子，并不是不小心，而是鸽妈妈感觉到了自己孩子坏掉了，就自己把它推出来了，以免感染到了自己另外的孩子。”我仍然穷追不舍地问道：“鸽妈妈怎么知道自己的蛋坏掉了？”“这就是妈妈的第六感。”妈妈笑嘻嘻地说道。第六感真的这么准吗？

在第17天的时候，小家伙终于破壳而出。

黄黄的绒毛下隐约能看到红色的皮肤。小家伙在窝里扑腾着，对什么都好奇。当鸽妈妈觅食回来，小家伙显得更欢了。鸽妈妈“咕咕”地叫几声后，好像从胃里呕吐出什么东西，然后张大嘴巴，很快小家伙就把头伸进妈妈的嘴里，从妈妈的喉咙里啄食吃！哇！原来小鸽子是这样吃东西呀！我被这暖暖的一幕感动得心里颤抖了几下，母爱真的很伟大。

名师点评

鸽子或斑鸠飞到人的家中筑巢产卵孵化的情况还是时有发生的，不过要观察得很清楚并不简单，因为它们一般非常警觉。

鸽子蛋掉出巢外的情况也并不罕见，鸽子受到惊吓、巢太小太浅、鸽子发生争斗都会造成鸽子蛋掉到巢外。此外，一些有经验的鸽子确实也能够感知自己的蛋是不是坏掉了，因为蛋孵化到一定程度，蛋会有胎动，没有胎动的鸽子蛋肯定是孵化不出小鸽子了。一些鸽子会把没有生命的蛋踢出巢外，也有些鸽子会放弃孵化，弃巢而去。

我家有只小狗叫黑黑，是萨摩耶犬和东川猎犬的后代。它很喜欢吃玉米，我每次都剥给它吃。但是它每次都来抢我的玉米，想自己叼走吃掉。有一次，它成功地叼走了我的玉米。

它起初只是咬，一直咬一直咬，然而并没有什么用……

过了很久，它终于找到吃玉米的方法——用一只脚压着玉米或者用两个前肢捧着吃。

会不会是因为黑黑是“混血儿”，所以要聪明些呢？在征得邻居的同意后，我将玉米喂给他家的泰迪吃。

同样的过程和结果，在挣扎一番后，泰迪也学会了吃玉米。这说明了动物的后天学习能力都很强，这多么的奇妙呀！

但是，第二天我发现，狗狗的便便里有几粒玉米。玉米本是粗粮，所以狗狗们是不是因此而消化不良呢？

感悟：经过查询，我了解到狗狗们过量食用玉米确实会导致消化不良。这样看来，我们在喂狗狗们的时候也需要注意适量投食呀！

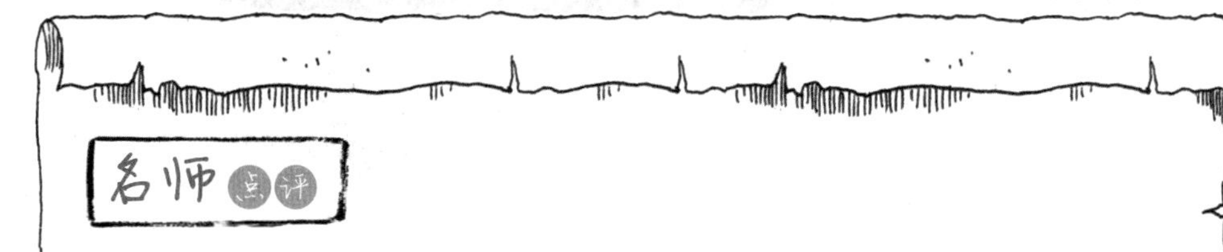

名师点评

很生动的小故事，在我们眼前展现了狗狗吃玉米的画面。难能可贵的是，小作者不仅在观察，更在思考。小作者通过观察提出问题，并进行猜想，然后通过事实来论证，得出结论。尽管论证的过程还不够严谨，但是已经具备了科学研究的雏形。

灰姑娘变衣记

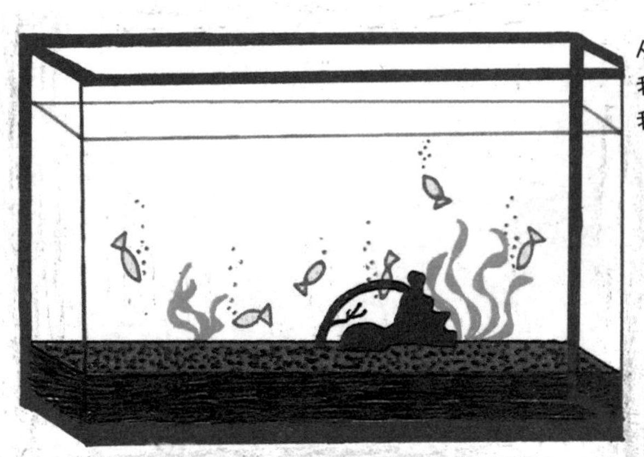

这条鱼是三年前我从江里捞的野生鱼，被我养进了家里的大鱼缸。我叫它“麻子”。

虽然它们并没有把“麻子”怎么样，但它们都离它远远的，“麻子”知道它和它们不一样，但它想要融入它们中。

之前，鱼缸里就已经养了几条锦鲤和锦鲫。“麻子”身上的灰色使它受到了歧视。

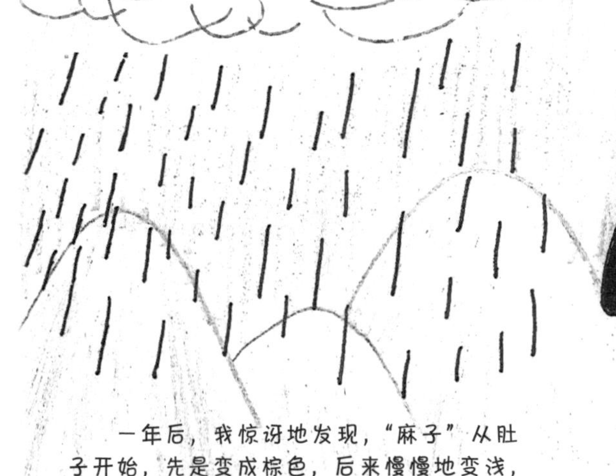

三年后的现在，“麻子”终于全身都变成了金色，鱼群也终于接纳它，而不是排挤它了。

一年后，我惊讶地发现，“麻子”从肚子开始，先是变成棕色，后来慢慢地变浅，最后变成了金橙色。

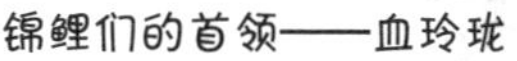

锦鲫们的首领——金戈

锦鲤和锦鲫之所以会有多种颜色，主要是因为其鳞片上的色素细胞所致，它们的色素细胞虽然不像乌贼或变色龙那样发达，但还是可以在一段时间内改变身体的颜色来适应周围的环境。其实锦鲤、锦鲫和它们的野生族群有很密切的关系，只是在人们一代代的选择性培育中使其体表颜色更艳丽。野生鱼为适应池塘和江河中的生活，更多地会选择灰暗的体色，用来躲避天敌。不管是把体色变得艳丽还是灰暗，鱼做出的这些适应性改变都是为了生存下去。

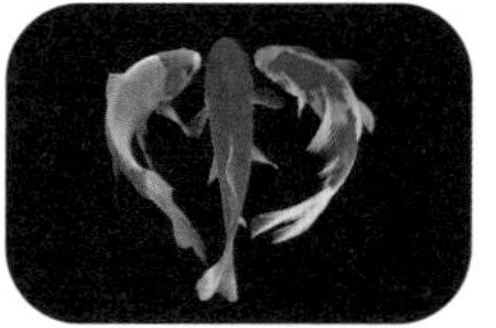

锦鲤

锦鲫

名师点评

作者通过长期观察，发现了很多人没有注意到的现象：鱼会变色。的确，很多鱼是会改变颜色的，虽然不能像变色龙那样快。有的需要一两年，有的需要几个月，也有的几天就能变色了。有些鱼的颜色会变深，有些鱼的颜色会变浅，但无论怎样变，都是为了适应环境。

遗憾的是，作者没说明它是什么鱼，图中画的鱼，也不足以作为参考的依据。

鱼缸中原有锦鲤、锦鲫两种鱼，画中的鱼与真实的这两种鱼还是有差异的。比如锦鲤体型大一些，鳞片也大一些，而锦鲫体型小一些，鳞片也小一些；锦鲤的鳍相对小一些，而锦鲫的鳍相对大一些……这些差异在图中没有表现出来。

麻雀有嗅觉吗？

5、6月，麻雀常从树上飞到我家阳台上啄断珊瑚豆的茎叶，但是其他花草却没受损害，为什么呢？

我尝了一下，珊瑚豆是苦涩的，并不甜，所以我怀疑是气味吸引了麻雀。

同样在5、6月，麻雀飞回它顶楼的巢，20多层，笔直地飞上去。

到20楼以后，它没有立即回巢，而是在门上围枯树干，然后警惕地望着周围。

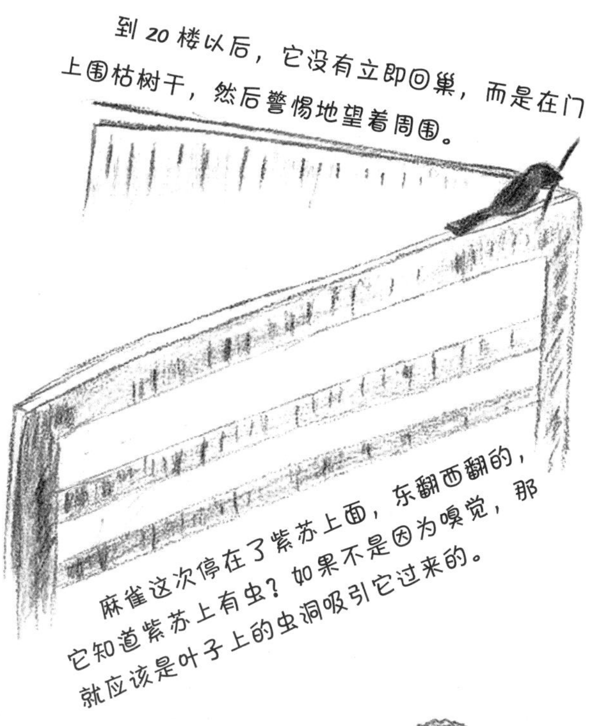

麻雀这次停在了紫苏上面，东翻西翻的，它知道紫苏上有虫？如果不是因为嗅觉，那就应该是叶子上的虫洞吸引它过来的。

青虫始终是在叶子下面，麻雀应该是看不见的。

爷爷在阳台上放着米袋子，里面的米，麻雀是看不到的。可它们知道里面是米，如果不是靠嗅觉，那还会是什么呢？

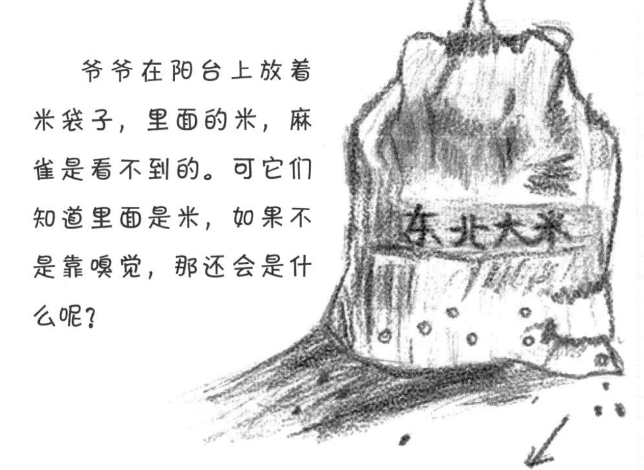

米袋子上有被麻雀啄穿的小孔，还有米粒在地上。

名师点评

吸引我的不是文章本身，而是它的题目。麻雀有嗅觉吗？在我的认知中，麻雀是嗅觉退化的鸟类，但是科学是在发展的，如果过去的认识错了呢？

作者的问题意识很强，短文中，作者抛出的问题一个接一个。通过举例子的方法，文章引发了我们的思考，让我们和作者一起用逻辑推理来做出自己的判断，尝试给出问题的答案。作者更聪明的一点是，没有直接给出答案，尽管我们可以感觉到作者是相信麻雀有嗅觉的。不盲目下结论，给出不同的可能性，说明作者具备科学研究的潜质。

比较可惜的是，虽然作者进行了麻雀的若干行为观察和逻辑推理，但没有进行更科学的研究。如果我们把麻雀喜欢吃的东西用透气的容器扣起来，观察麻雀是否能轻易找到食物；或把它喜欢吃的食物喷上特殊的气味，观察它是不是即便看到也不去吃，不就能知道麻雀是否有嗅觉了吗？同学们可以尝试去设计更加严谨的实验。

另外，有两个疑问，一是麻雀真的会在20多层的楼顶筑巢吗？二是怎么确定麻雀知道袋子里装的是米呢？

邂逅“绿黑眉”
——灰腹绿蛇的发现之旅

节气：大暑

时间：8月1日~8月5日

今年暑假我和哥哥姐姐们一起参加了“渝南山青”研学旅行。在这次活动中，我们发现了一条长相非常特别的蛇。经老师鉴定是一条灰腹绿蛇。查看这个物种的标本时我发现它浑身上下呈蓝灰色。不是灰腹绿蛇吗？为什么它的身体不是绿色呢？是不是弄错了？

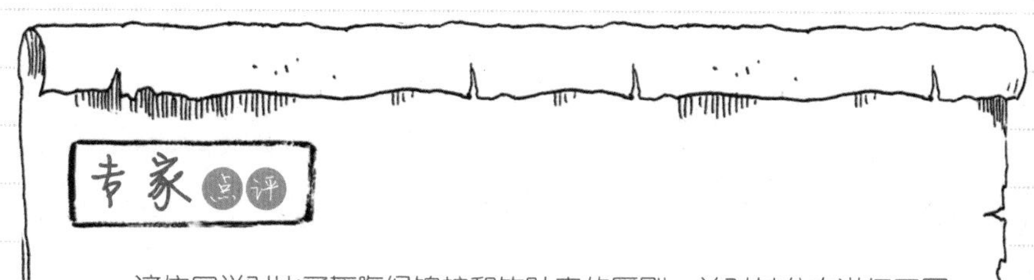

专家点评

这位同学对比了灰腹绿锦蛇和竹叶青的区别，并对其分布进行了图示绘制，补充材料也颇为翔实。如果能结合动物保护和认知，梳理人类与蛇的关系，帮助大众克服对蛇类的恐惧，那就更出色了。

——欧阳辉（中国古脊椎动物学会副理事长、中国古生物学会理事、中国自然科学博物馆协会理事、重庆自然博物馆馆长）

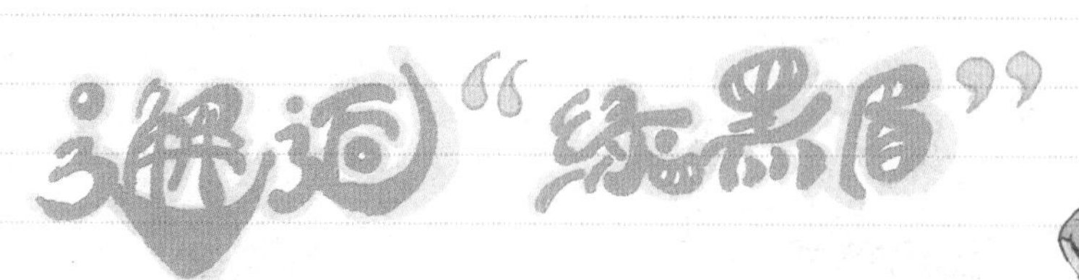

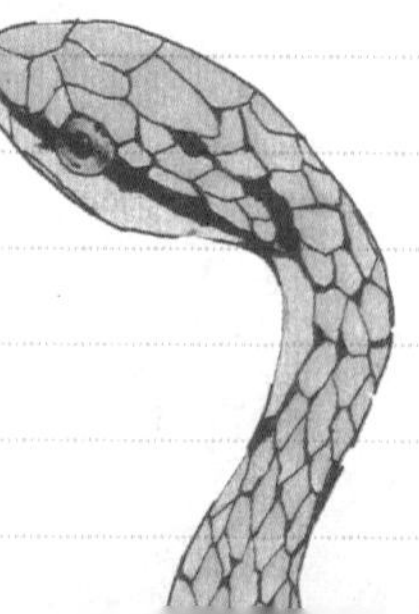

全长超过1米，跟我的身高差不多！

椭圆形（无毒）

带着这些疑问，我开始查阅资料找寻答案。资料说“灰腹绿蛇”的眼后都会有一条很明显的黑色眉纹。因为这个原因，人们俗称它为“绿黑眉”。那它的身体为什么又会是蓝灰色的？难道它自己会变色？老师告诉我，应该被酒精浸泡后的结果。但灰腹绿蛇在幼体时确实不是绿色，而是灰棕色，长大以后才会变成绿色。

黑色纵纹

三角形（有毒）

全长不到1米

成体的灰腹绿蛇全身翠绿色，非常漂亮。这让我想起了福建“竹叶青蛇”，乍一看它们绿得太像了！但仔细观察又有不同。“竹叶青蛇”的体侧有一条很明显的纵线，而在这条“灰腹绿蛇”身上我却没有发现。

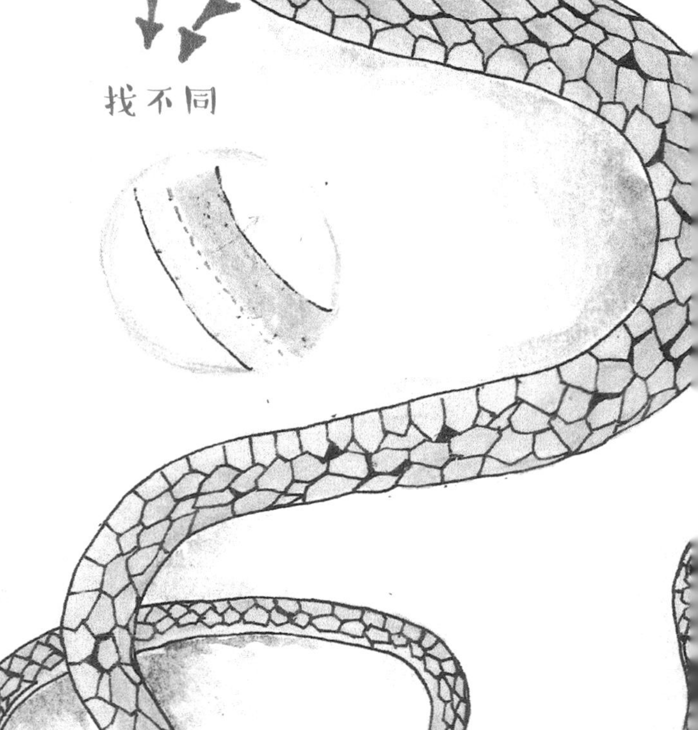

找不同

我国哪里有“灰腹绿蛇”？

但让我最关心的还是灰腹绿蛇会不会有毒？通过辨别我发现这条蛇的头部呈圆形，应该属于无毒蛇。灰腹绿蛇在全国各省（市、区）见到的都很少。妈妈说这次我们能发现罕见的“灰腹绿蛇”，证明我们重庆的生态环境很好。希望大家不要去破坏它的“家”，这也是保护我们自己的“家”。

小猫吃草？

暑假，我到爷爷家玩，发现家里的猫伏在草地上，在吃草。猫咪不是喜欢吃鱼、肉吗？怎么吃起草来了，好奇心驱使我看个究竟。

我猜它是嚼着玩，正想着，没想到猫咪嚼了会儿，真的吞下去了，吃完转身就跑。我轻轻地跟在它身后，见它找了一处偏僻的地方蠕动了几下肚子，就开始往外吐东西。我更加好奇了，后来发现它的呕吐物里面有些毛团，我觉得是不是它吃了老鼠不

消化，把老鼠的毛吐出来了。后来我问爷爷，猫吃草到底怎么回事，爷爷说：“是因为猫不舒服了，生病了，吃草为自己治病。”接着我又发现猫咪躺在地上，舔着自己的爪子，梳洗着自己的毛发，比原先精神多了，难道吐出的毛团是自己的毛发？

回家后，我把这一发现告诉了爸妈，他们也百思不得其解，最后帮我查找资料，发现可能是下面这些原因导致猫吃草。

（1）缺乏植物中的叶酸或其他维生素。

（2）催吐治病。

由此我判断，家里的猫吐出的毛团团应该就是它自己的毛发。

通过自己的观察，发现大自然的奥秘真是无穷无尽，也为自己的认真观察获得了知识而点赞。

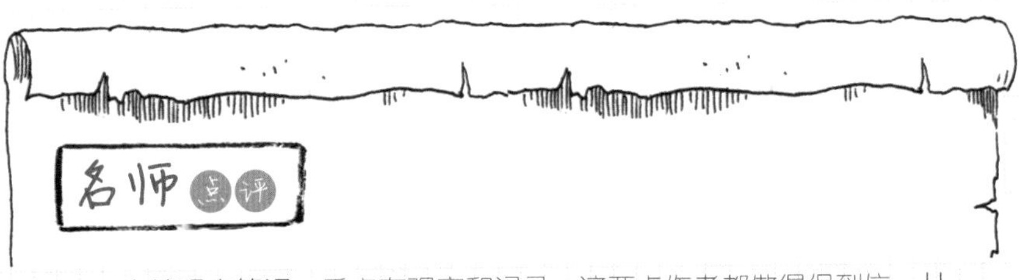

自然观察笔记，重点在观察和记录，这两点作者都做得很到位。从文中可以看到，作者观察是非常细致的，因此记录的过程也很完整。文章语言朴实，对猫咪的动作、神态描写很准确，作者通过观察得出了自己的结论，并通过和家长查阅资料得到了验证，确实应当为作者点赞。

如果观察和记录再详细一些就更好了。比如这只猫是什么颜色的？它吐出来的毛是什么颜色的？它吃的是什么草？吃的是草的叶子还是茎，或是其他什么部分？对于一篇纯文学性的文章而言，这些或许不重要，但对于科学观察笔记而言，这些都很重要。

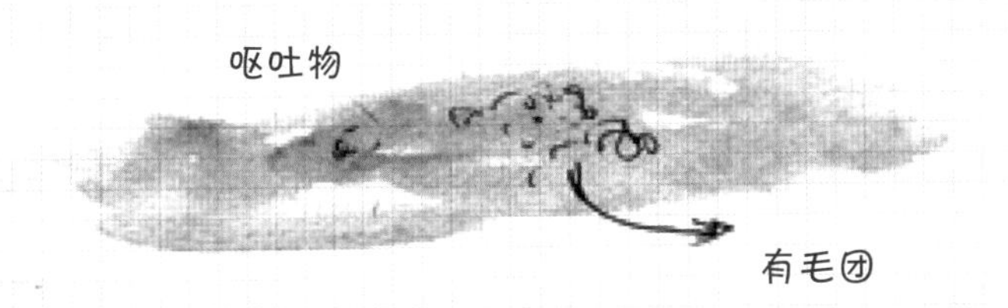

中秋节，爸爸外出钓鱼回来，向我们展示他的渔获物，他得意地说："我今天不仅钓到鱼，还钓到一条泥鳅。"爸爸把这条泥鳅拿在手中向我炫耀。

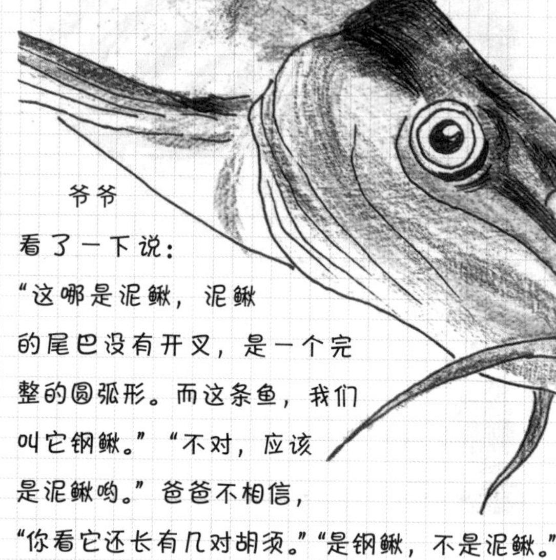

爷爷看了一下说："这哪是泥鳅，泥鳅的尾巴没有开叉，是一个完整的圆弧形。而这条鱼，我们叫它钢鳅。""不对，应该是泥鳅哟。"爸爸不相信，"你看它还长有几对胡须。""是钢鳅，不是泥鳅。"爷爷和爸爸争论起来。我立即搬来电脑说："都别争了，我们还是查查吧。"

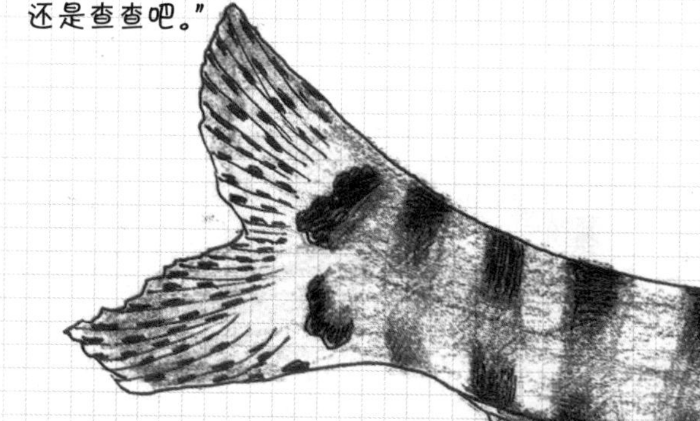

我们在网上查阅了泥鳅和钢鳅的资料，并把这个家伙同网上泥鳅、钢鳅进行对比，发现都不是。这下我们都不知道该怎么给它正确认定身份了。于是我拍下它的照片，带到学校问科学老师，科学老师又向生物教授询问，最后，终于弄明白了，它叫——中华沙鳅，是一种中国特有的鱼类物种。我把它放回河里，让它回归大自然，也告诉爸爸，以后遇见它要保护它。

偶遇中华沙鳅

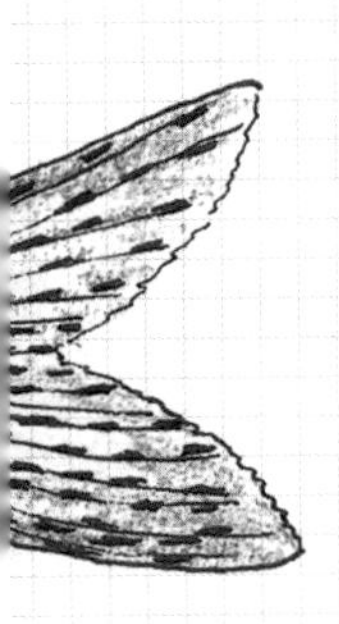

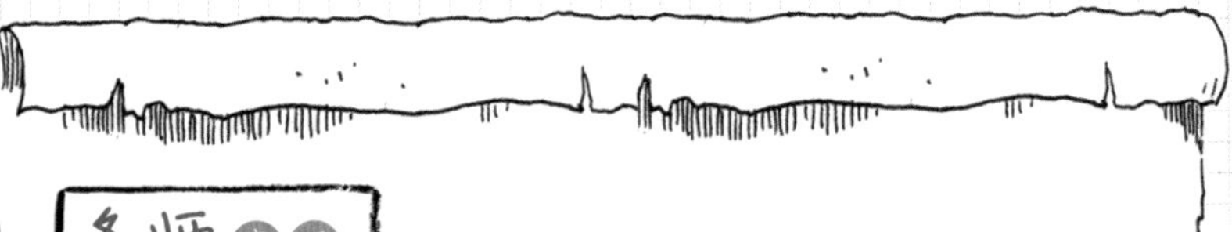

名师点评

作者用文字记录了事件的经过，而没有描写中华沙鳅的形态特征，或许是觉得用绘画的形式更容易表达清楚。

笔记中的配图确实画得不错，比较准确地表现出了中华沙鳅的很多重要特征，说明作者认真观察了，而且绘画水平较高。不过，有些细节还是没注意到。

中华沙鳅从鳃盖后缘至尾鳍基部有 8 ~ 9 条黑褐色的斑纹，作者画多了。它的斑纹在鳍上也有，不同位置上的条纹也不一样，比如尾鳍上、下叶各有 3 列褐色斑纹。这些特征没表现出来，比较遗憾。再有，中华沙鳅的鳍相对比较圆润一些，与图中的鳍稍有不同。

另外再补充两点：第一，泥鳅也属于鱼类；第二，“钢鳅”是很模糊的称谓，有些地方把中华沙鳅也叫钢鳅，有些地方把刀鳅鱼叫钢鳅。

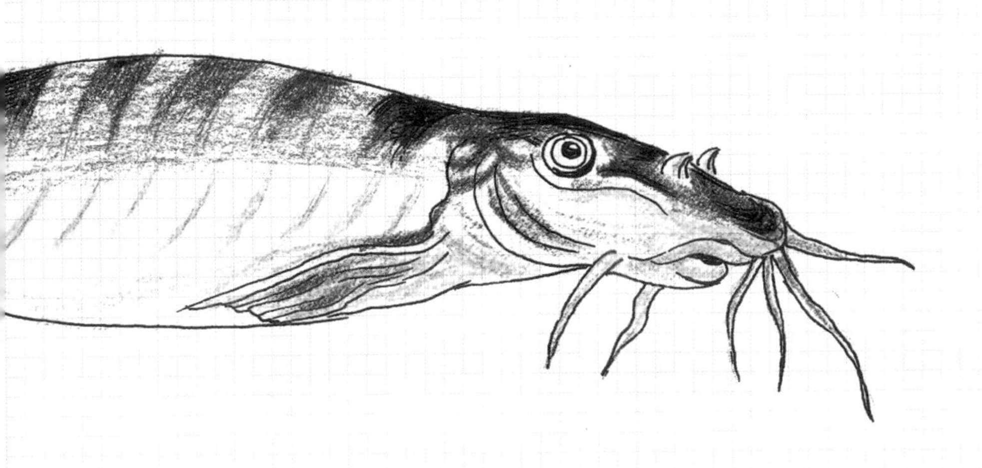

6月的一天上午，我和妈妈路过小区的花园时，发现草丛中有一颗“宝石”在阳光的照耀下闪闪发亮。我急忙跑过去，哦，原来不是什么“宝石”，而是一只昆虫。我惊奇地喊道：“妈妈，快过来，这是什么虫子？”妈妈走过来看了看说：“这是青铜金龟子，它的体壳坚硬，由于表面光滑，有金属光泽，所以会发光。”

通过仔细观察，只见金龟子长18～21毫米，宽8～10毫米，椭圆形，6只尖利的脚，小小的脑袋上长着一对触角，呈青铜色，在太阳的照耀下更加闪亮。带着好奇的心到了家，我翻阅了昆虫百科全书，了解了金龟子的生长过程（如图）。

大自然是一座神奇的宝藏，还有许许多多的奥秘等待我们去探索。

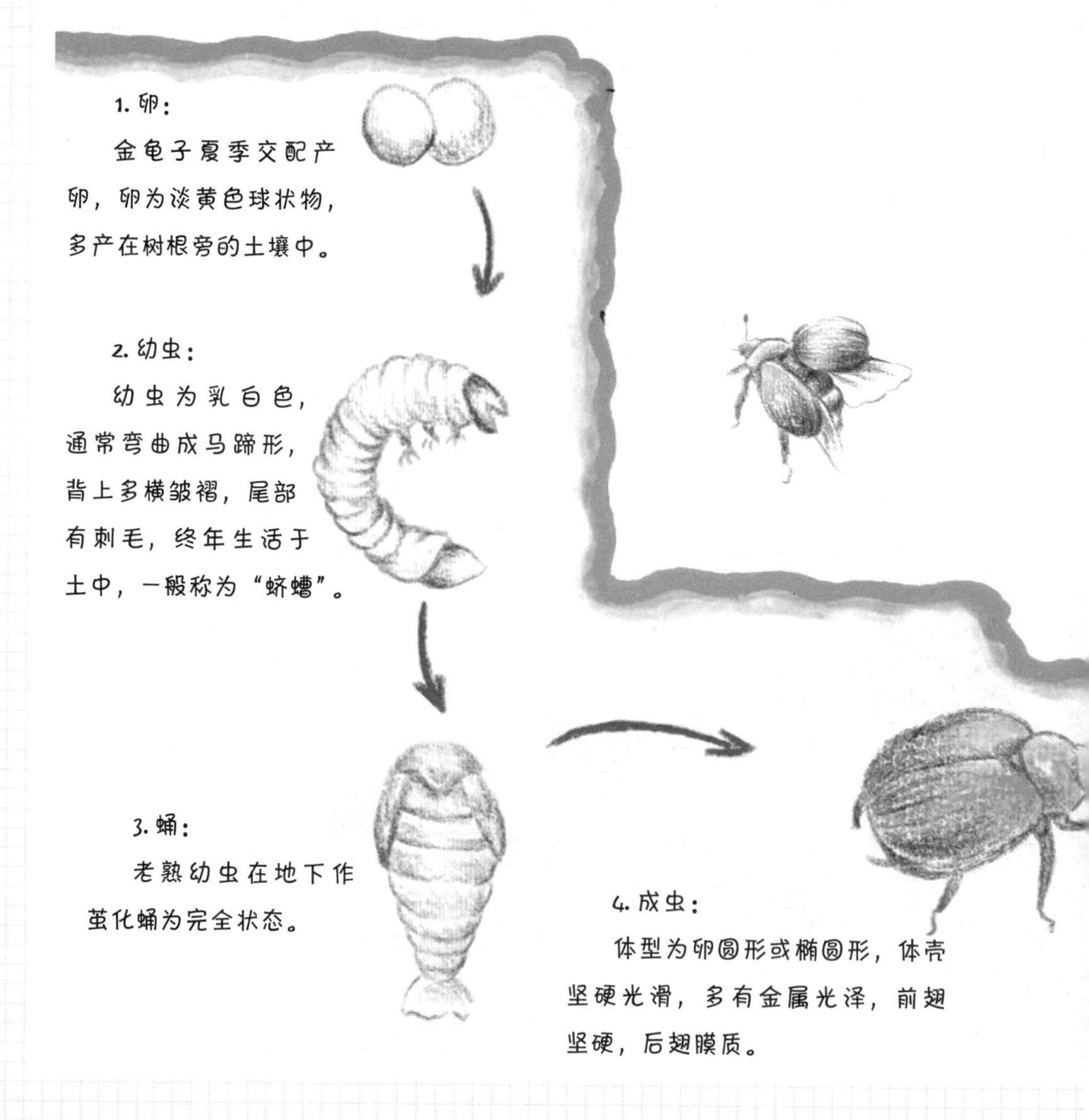

青铜金龟子

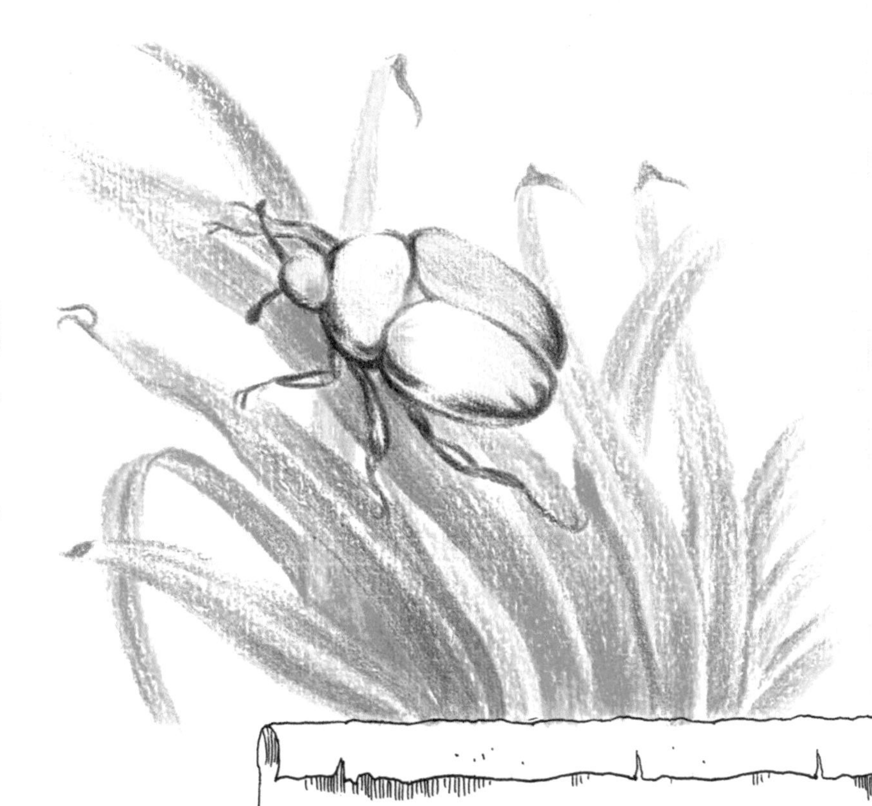

名师点评

文章前面的部分充分运用了比喻的手法，显得生动活泼，也具体形象。中间部分运用了列数字的方法，使得对青铜金龟子的描述更加客观精准，这在观察笔记中是非常值得提倡的。作者描述的青铜金龟子体长比资料上介绍的稍小一些，这恰恰反映了作者实事求是的科学精神。

希望对青铜金龟子的描述再准确些。只写“呈青铜色”，读者还是无法准确知晓它的颜色，实际上它多数为亮丽的绿色，体背具有金属光泽，和青铜的颜色还是有较大差异的。另外笔记中说的“发光”应为“反光”，科普文章用词应该把握好准确性。

展开翅膀的金龟子。

尊重生命

两只黑色小蚂蚁一前一后抬着一只已经没有呼吸的小蚂蚁，艰难地行走着，穿过石缝，翻过土堆，它们到底是要干什么呢？我静下心来看个究竟，它们行走得非常协调，遇到上坡，前面的蚂蚁爬行，后面的蚂蚁推行；遇到下坡，前面的蚂蚁拉着，后面的蚂蚁驮着。

它们步行了许久，也抬了许久，突然，停了下来，用前爪挖起土来。我仔细想了想，是要举行埋葬仪式吗？两只蚂蚁仍然在拼尽全力地挖着，没有丝毫的放松，一直在挖掘。等了一个多小时，挖了一个大约2厘米深的坑，然后把去世的小蚂蚁放进去，像两个工程师似的，又齐心协力把原来挖出来的土重新为小蚂蚁盖上，把土铺得十分平整，这难道不是人类的土葬吗？它们的仪式举行完了，又得经过长途跋涉走向回家的路。

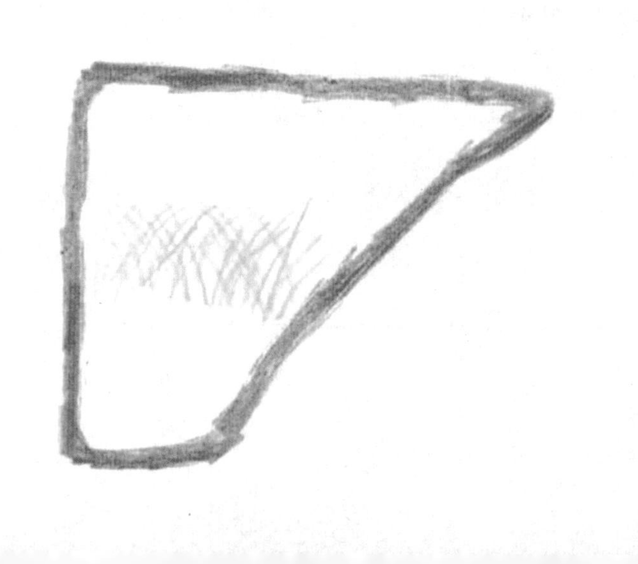

这是一个很感人的故事，蚂蚁尚且能够厚葬同伴，人与人之间是否更应友善相待呢？很难想象，作者能够如此耐心地观察、记录蚂蚁的这个行为，而且观察得如此细致入微，甚至连它们怎样上坡、下坡、挖掘、把土铺平都记录得清清楚楚，非常值得称赞。作者用《尊重生命》为题目，表达出了自己对生命的感悟，使得笔记的立意得到提升。

文中的一些描写是出于作者的想象，作为一般作文是可取的，不过作为观察笔记就要慎重。比如说抬着一只已经“没有呼吸”的小蚂蚁，其实我们是无法看出蚂蚁是否在呼吸的，不如直接说“已经死去”；说两只蚂蚁“很艰难地行走着”，也是作者的想象。我们知道蚂蚁力气很大，可以举起它体重 400 倍左右的重物，那么两只蚂蚁抬起一只蚂蚁行走，肯定不会艰难。何况后面也写了，它们上坡、下坡的时候走得“非常协调”，可见并不艰难。

文中的一些语句也需推敲，比如“它们的仪式举行完了，又得经过长途跋涉走向回家的路”就是病句。说蚂蚁回家需要长途跋涉已经很夸张了，说长途跋涉走向回家的路就更不对了，因为只要往家走，就是走在回家的路上。所以无论做科学还是写文章，都需要再严谨一些。

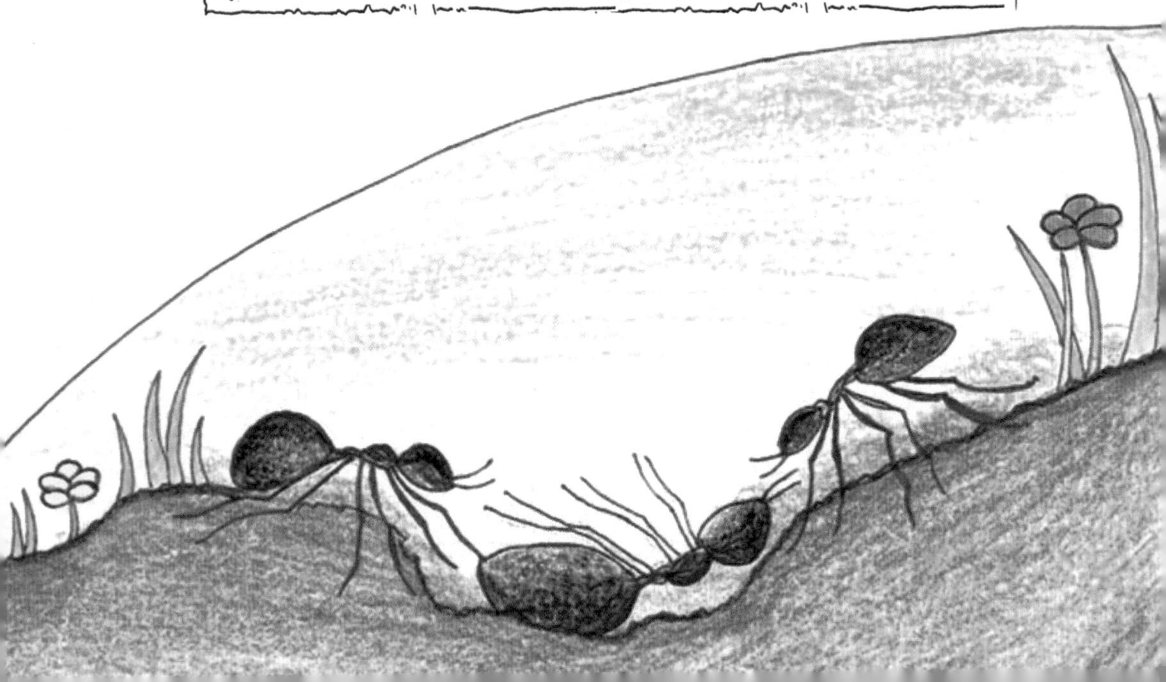

5月30日 阴 小满过第9天

先前有只白头翁在我们教室外的盆栽里筑了巢！

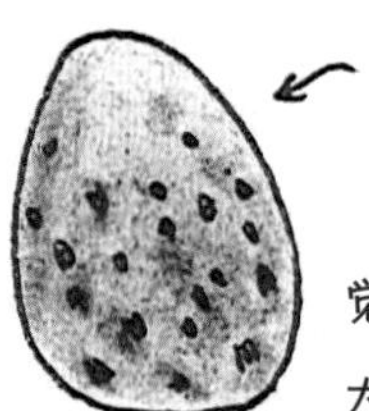

而今天它竟然下蛋啦！

一共下了三个蛋，蛋是紫色的！感觉它们好小好小，但里面却装着一只只大大的生命！

6月12日 晴 芒种后第7天

哇！有一只小鸟破壳啦！它的眼睛都还没睁开。它的全身像一个小肉球，缩在巢里，无助地等待妈妈的投食。

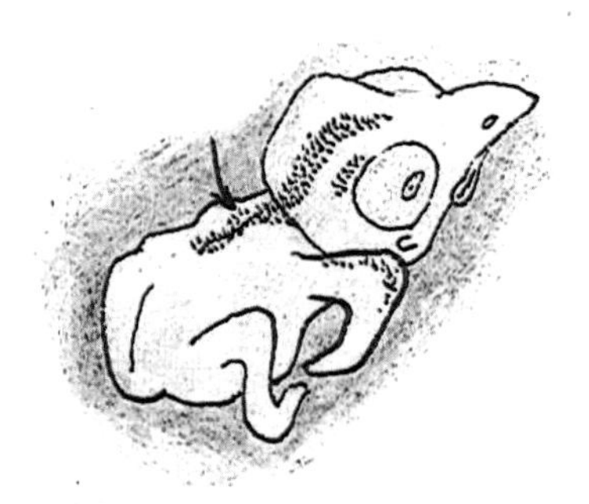

6月15日 晴 芒种后第10天

有一只小鸟开始长翅膀了！

那些小羽毛像竹笋一样冒出一小截。

名师点评

这是一篇充满情感的观察笔记，没有更多地描写白头鹎（白头翁）的外形特征，重点记述了小鸟从出生到长大，两只离巢飞走，一只死于巢中的过程。

白头鹎是我国南方城市中最常见的鸟之一，不是特别怕人，所以有时会在盆栽绿植内筑巢产卵。3～5月是白头鹎的产卵期，一次产卵3～4枚。幼鸟大约2周出壳，4周出巢。可惜的是，作者观察的小鸟有一只死掉了。也许是发育不良，也许是感染了疾病，也许是食物不足……野生动物的成活率不可能像人那么高，这只鸟妈妈已经很不容易了。白头鹎应该是雌、雄鸟共同育雏的，而它独自养大了两个孩子，鸟爸爸或许已经不在了。正如作者所说“每一只从大自然里走出的生命都活得不容易”。

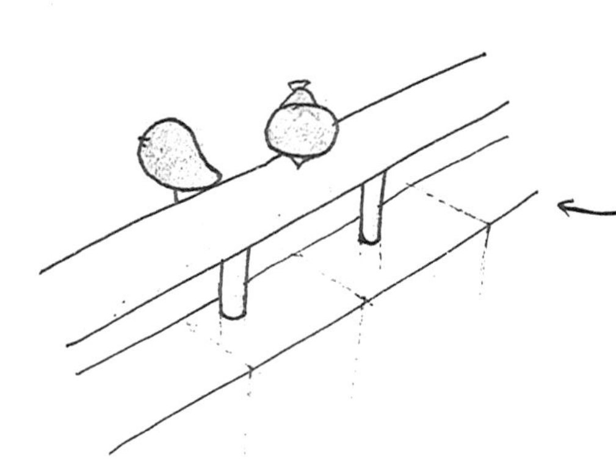

6月23日 晴 夏至后第三天

上午：有两只小鸟可以飞了，它们在教学楼的走廊里跳着玩耍。

但还有一只小鸟不会飞呢。

下午：第三只小鸟蔫蔫地挂在巢外，一副想飞却不敢飞的样子。

过了很久，小鸟最终还是爬回了巢……妈妈飞过来了，但也没喂它食物。

我想飞

6月24日 阴

小鸟死去了。鸟妈妈、其他两只小鸟再也没回来……

6月22日 晴 夏至后第二天

小鸟们都开始往巢外爬了，母亲筑起的小巢对它们而言已经很小很小，它们的羽翼渐渐丰满，我想它们一定是想学会飞翔，快快长大吧！

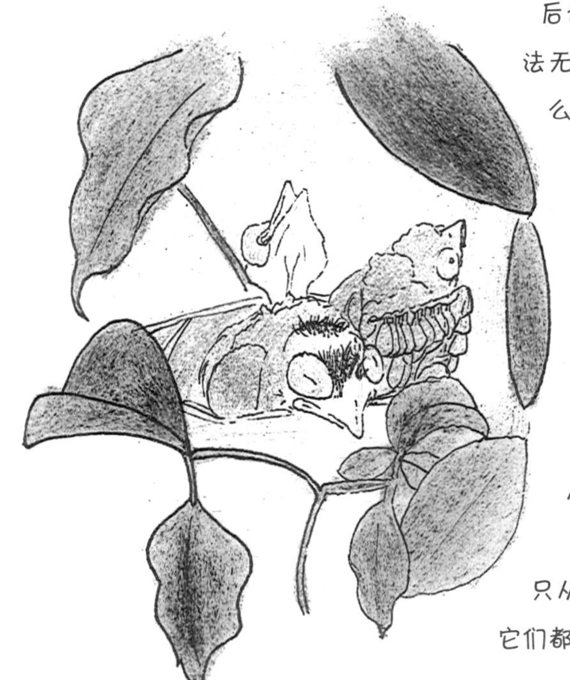

后记：曾有一段时间，我对鸟妈妈的做法无比心寒。那可是它的孩子啊！它怎么能抛弃孩子！为什么？！

后来我才明白，原来鸟没得选。如果不抛弃小鸟，母鸟会因此大部分时间守巢，那么它就没有足够的时间去觅食；小小鸟成天待在巢里，生病了怎么办？就算熬过冬季，那成鸟的下一任繁殖期怎么办？……这诸多因素使鸟妈妈不得不抛弃小小鸟。

原来，自然选择如此无情。每一只从大自然里走出的生命都活得不容易。它们都是可敬的。

长尾蜥

我在墙南发现了你，长长的尾巴，闪亮的鳞片让人着迷。你的爪子可以在粗糙的树上牢牢钉住。你的双眼明亮，泛着黄光。你细长的舌头，宛如蛇的舌头。你乌黑的上颚，好似黑曼巴，但你的性格与它可是天镶之别。

你很瘦弱，瘦得在呼吸时两排肋骨都清晰可见，而你的食物只有小块肉、昆虫和小果子。若不是现在是夏天，你出来觅食，我还遇不见你。

我要将你放生，让你重新回到自己的家园！

热爱自然，保护自然。

名师点评

作者以第二人称来描写长尾蜥，像和伙伴说话一样娓娓道来。作者对它的爪子、眼睛、舌头和上颚的特点都进行了描写，还与黑曼巴进行对比，说明作者对很多爬行动物都比较了解。

从图上看，长尾蜥的四肢把它的身体支撑起来了，远远离开了地面，这是不对的。如果是绘画水平的问题，可以在文字叙述的时候把它的运动姿态和特点写清楚。从文字来看，有个地方交代得不清楚。既然要放生，那就是说它目前失去了自由，可是作者又是在墙南发现了它，好像就是在自然环境中，这就显得有些矛盾了。另外，它真的是长尾蜥吗？是非洲长尾蜥蜴还是长尾南蜥，或者是长尾鬣蜥？还是应该弄清楚。

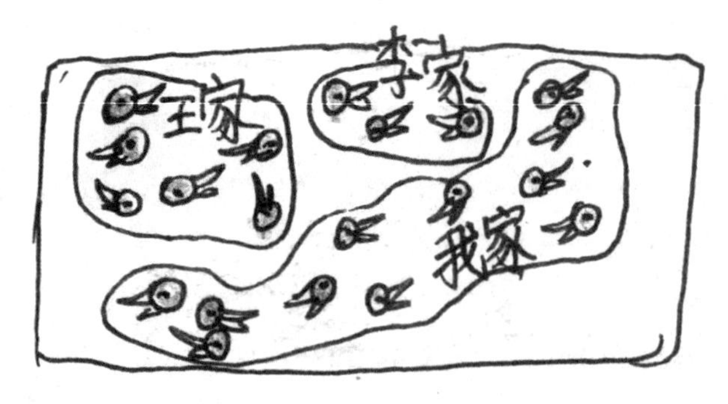

以声寻友

外婆说，鸭子是群居动物，会用特殊的方式找回走丢的同伴。在一大块水田里散养着三家共计20只鸭子，但每天傍晚，只要头鸭一叫，一家的鸭子就会自动集中起来，回自己的家，绝对不会乱串门的。

我对外婆的说法将信将疑。不过，当一只鸭子离队时，走丢的鸭子和其他鸭子都要“嘎，嘎”乱叫。难道叫声真的可以让离队的鸭子归队吗？这20只鸭子不会混群吗？

这天早上，鸭群刚走出鸭圈，就张开扁嘴唱起歌来，我拿起一根长长的竹竿，像外婆一样在鸭群上空挥舞。鸭群立刻散开，原本整齐的队伍顿时变得乱七八糟。

忽然，我在菜地里看见一只步调急促，一会儿向左走几步，一会儿向右走几步，不知走向何方的鸭子。一会儿，它又停下脚步，焦急地叫起来，好像在说："你们在哪儿？你们在哪儿？"

站在一棵橘子树下的鸭群听到了同伴的叫声，也大声地叫起来，"嘎嘎……"声很短，听起来很焦急，好像在说："我们在这儿，你在哪里呀？"头鸭率领鸭群寻声向走丢的鸭子方向靠拢，走丢者也听到了鸭群的呼唤，双方不停地叫着。经过这一呼一应，掉队鸭子终于回到了离开近 15 分钟的鸭群。

头鸭走近走丢的鸭子，扑扇着翅膀叫着，好像在郑重其事地宣告："欢迎你归队！"

蚱蜢逃生记

今天，是外婆家收割稻谷的日子，外公、外婆和爸爸在稻田里辛苦地劳动，我在田埂上为他们“服务”。他们在收割的过程中，破坏了蚱（zhà）蜢（měng）的家园，很多蚱蜢就在空中乱飞。

一只公鸡看见了，飞快地跑过来扑向稻谷上的蚱蜢母子，蚱蜢妈妈吓坏了，背着孩子，拖着疲惫的身体，使劲地跳离稻田逃命去了。真是惊险的一幕呀！

一只蚱蜢妈妈背着它的孩子飞累了，停在了田边幸存的一株稻谷上，喘着气。

雌性和雄性的蚱蜢

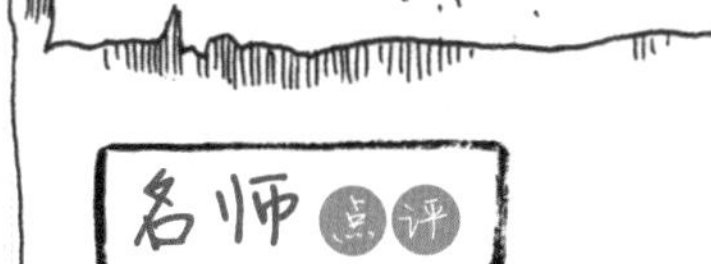

名师点评

这是一位善良、有爱的小朋友写的观察笔记。尽管蚱蜢是害虫，但在他眼中，它不过是弱小的动物。家人正常的劳作在他眼中是“破坏了蚱蜢的家园”，他是个同情弱者的孩子。

他看到“一只蚱蜢妈妈背着它的孩子”，这是小朋友的误解。下面的大蚱蜢是雌性蚱蜢，而上面的是雄性蚱蜢，它们在交配。由于雄性蚱蜢大小仅有雌性蚱蜢一半左右，所以小朋友就误以为是蚂蚱的孩子了。

本书小作者

主题观察——植物篇

菌类的生长　刘珈邑　西南大学附属中学校

冬瓜　刘南星　重庆市九龙坡区兰花小学

法国梧桐　蒋晨阳　重庆市状元小学

初识鹅掌楸　徐兰斌　西南大学附属中学

黄瓜　张一三　重庆市第十八中学

荷花　曹雅如　重庆市九十五中学

黄葛树　余越　重庆市第二十九中学校

火龙果　吴欣怡　重庆市大足区海棠小学

爬山虎　廖湘华　重庆市徐悲鸿中学

岩木瓜的果实　李永康、陈钎源、刘欣雨　西南大学附属中学校

主题观察——动物篇

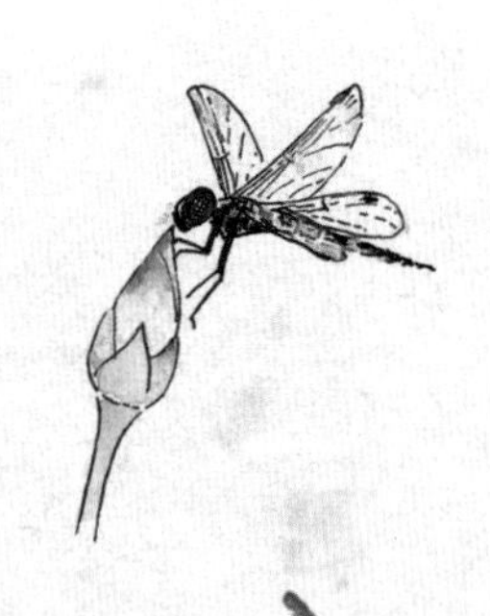

蜜蜂观察笔记　张磊　重庆市开州区汉丰二校

勤劳的蜜蜂　徐婷婷　重庆市垫江县永安小学校

白头翁　荆灿　重庆市歇台子小学

菜板鱼和河蚌的友谊　刘雅文　重庆市徐悲鸿中学

夏日之蝉　高茂棋　重庆两江新区童心小学

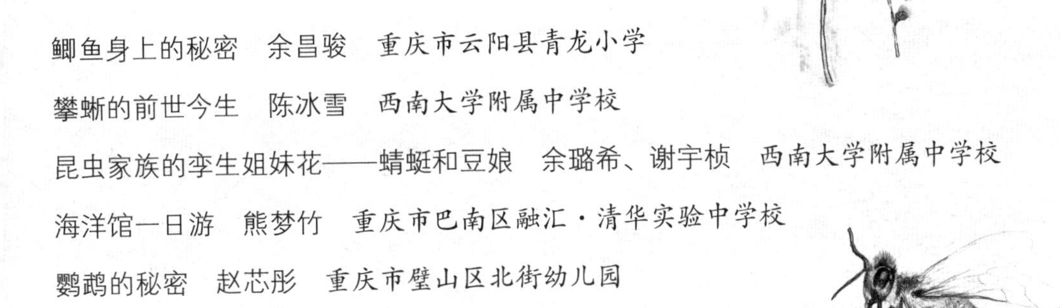

鲫鱼身上的秘密　余昌骏　重庆市云阳县青龙小学

攀蜥的前世今生　陈冰雪　西南大学附属中学校

昆虫家族的孪生姐妹花——蜻蜓和豆娘　余璐希、谢宇桢　西南大学附属中学校

海洋馆一日游　熊梦竹　重庆市巴南区融汇·清华实验中学校

鹦鹉的秘密　赵芯彤　重庆市璧山区北街幼儿园

眼耳口鼻手脑全身动起来，收集大自然的讯息

挂满晾衣绳的水珠　范启罗航　重庆市荣昌棠香小学

自然笔记之洋葱　刘珈佑　重庆市天台岗小学

过程观察——植物篇

酢浆草也要睡觉！　韦青立　重庆江津区四牌坊小学

向日葵　陈焕承　西南大学附属中学校

苎麻变形记　傅罗艺　重庆市荣昌区玉屏实验小学

花朵如何变果实　高语含　重庆市两江新区童心小学

辣椒生长过程　吴成昱　重庆市南川区隆化第一小学

牵牛花　刘欣灵　重庆市荣昌区玉屏实验小学

青椒　陈泳洁　重庆市南川区隆化第一小学

水仙开花　谢欣瑞　重庆市九龙坡区华岩小学

薄荷成长记　凯琳雯　重庆95中佳兆业中学

过程观察——动物篇

自然笔记的观察对象

现象观察——植物篇

山药　周虹芊　重庆市永川区萱花小学

牵牛花颜色　蔡卓壮　西南大学附属中学校

青青“艾心”(一)、(二)　彭子墨　重庆市荣昌区玉屏实验小学

无花果的花　陈玙乐　重庆市大学城第一小学校

现象观察——动物篇

池塘边的悄悄话(一)、(二)　彭子墨　重庆市荣昌区玉屏实验小学

发现之旅(一)、(二)　黄琬婷　重庆两江新区星光学校

蝴蝶产卵　彭心雨　重庆市北碚区蔡家岗场小学

竖眉赤蜻　高锦涛　重庆市合川区香龙小学

食蚜蝇与小蜜蜂　杨状状　重庆市巴川中学

神秘刺客——隐翅虫　代玉　重庆市云阳县盛堡初级中学

蜘蛛　张博宇　西南大学附属中学

重阳木斑蛾　何睫　重庆市北碚区状元小学

草坪上的“小冰块儿”——长疣马蛛观察日记　柳鉴轩
重庆高新技术产业开发区第一实验小学校

黑头阿波萤与海芋之钻洞案　戴凡杰　重庆市两江新区金山小学

黑胸胡蜂与死去的蟪蛄　曾熠璇　重庆市两江新区金山小学

羊的气味　温德铨　重庆市江津区东方红学校

事件观察——植物篇

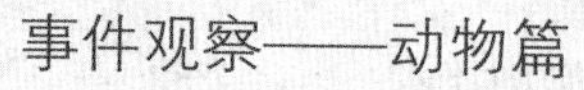

“冒汗”的南瓜　代欣益　重庆市南川区第一中学校

生病的茭白（一）、（二）　刘芸汐　重庆市沙坪坝区凤鸣山中学

葎草“刺客”之谜（一）、（二）　梁馨月　重庆市渝北区龙山小学

马齿苋与太阳花　李思颐　重庆市璧山区金剑小学

谁动了我的草莓？　胡智瑞　重庆市荣昌区仁义镇中心小学

事件观察——动物篇

白鹭篇（一）、（二）　段乔潆　重庆市荣昌区联升小学

鼠皮降温记　陈宣汐　重庆市沙坪坝区树人小学

鸽妈妈的第六感　李雪银　重庆市云阳县盛堡初级中学

狗狗吃玉米　万宁怡　西南大学附属中学

灰姑娘变衣记　刘嘉妤　西南大学附属中学

麻雀有嗅觉吗？　杨亦煊　西南大学附属中学

邂逅“绿黑眉”——灰腹绿蛇的发现之旅　史罗慧婷　西南大学附属小学

小猫吃草？　邓三苹　重庆市云阳县盛堡初级中学

偶遇中华沙鳅　葛雨歆　重庆市璧山区文风小学校

青铜金龟子　彭子墨　重庆市荣昌区玉屏实验小学

尊重生命　周泓锦　重庆市巴蜀小学

我想飞　万宁怡　西南大学附属中学

长尾蜥　刘哲良　重庆市巴南区鱼洞小学

以声寻友　杨显珺　重庆市万盛经济技术开发区万盛小学

蚱蜢逃生记　王悉宇　重庆市铜梁区巴川小学